有钱人
和你想的不一样2
从全家负债到年入过亿

[日]中野祐治 著　南勇 译

湖南文艺出版社
HUNAN LITERATURE AND ART PUBLISHING HOUSE

博集天卷
CS-BOOKY

著作权合同登记号：图字18-2021-254

图书在版编目（CIP）数据

有钱人和你想的不一样.2 /（日）中野祐治著；南勇译 .-- 长沙：湖南文艺出版社，2022.6（2023.4 重印）

ISBN 978-7-5726-0661-8

Ⅰ.①有… Ⅱ.①中…②南… Ⅲ.①成功心理—通俗读物 Ⅳ.①B848.4-49

中国版本图书馆 CIP 数据核字（2022）第 066304 号

上架建议：畅销书·成功励志

YOUQIANREN HE NI XIANG DE BU YIYANG. 2

有钱人和你想的不一样. 2

作　　者：	［日］中野祐治	
译　　者：	南　勇	
出 版 人：	陈新文	
责任编辑：	刘雪琳	
监　　制：	于向勇	
策划编辑：	布　狄	
文案编辑：	张妍文　　赵　静	
营销编辑：	段海洋　　时宇飞	
版权支持：	金　哲	
版式设计：	李　洁	
内文排版：	麦莫瑞	
封面设计：	利　锐	
出　　版：	湖南文艺出版社	
	（长沙市雨花区东二环一段 508 号　邮编：410014）	
网　　址：	www.hnwy.net	
印　　刷：	三河市中晟雅豪印务有限公司	
经　　销：	新华书店	
开　　本：	875mm×1230mm　1/32	
字　　数：	198 千字	
印　　张：	8.25	
版　　次：	2022 年 6 月第 1 版	
印　　次：	2023 年 4 月第 3 次印刷	
书　　号：	ISBN 978-7-5726-0661-8	
定　　价：	49.80 元	

若有质量问题，请致电质量监督电话：010-59096394

团购电话：010-59320018

目 录 Contents

开场白   _001

序言   _001

第一章 ONE 面对现实吧   _001

财富现状1
你是否对自己现在的财务状况感到满意   _002
·年薪1200万日元，金融资产却为0的人们   _007

财富现状2
我们乘坐的这艘船，真的绝无可能沉没吗？   _009
·"只有自己不会倒霉，倒霉的永远是别人"的心
理，你有没有？   _012

财富现状3
"底层老人""老后破产"的悲惨结局   _014
·知道了现实的残酷之后，我们应该如何生存下去？
    _017

财富现状4
"忍耐"与"妥协"的活法，现在必须放弃   _020
·在充满风险、完全未知的人生路上，靠惰性凑合
着活，真的靠谱吗？   _021

第二章 能赚一个亿的人，其常识是什么？ _025
TWO

财富通识1

尊重他人的"建议"，但千万别听 _026

· "建议"这个东西，只能从真正实现了这个
"建议"的人那里听取 _029

财富通识2

千万别存钱 _031

· 现在这个时代，即便你存了100万日元，10年后
顶多能拿到1000日元的利息 _032

财富通识3

**如果你想买房，务必全款拿下，别借钱，也别贷
款** _035

· 日本住宅贷款的起源 _037

· "我想买房！……"别急，先问问自己为什么要
这样做，理由是什么 _041

财富通识4

现在这个时代，"上班族"这个词已经过时了_045

· 与其坐别人的船，不如自己造艘船出来　　_049

财富现状5

对于世界的变化，必须未卜先知，提前出手　_052

· 今后的世界将如何变化　　_052

第三章　能赚一个亿的人，其工作方法是什么？_059
THREE

致富方法1

你现在的时薪是多少？　　_060

· 这份工作即便没工资，你也能坚持下去吗？　_062

致富方法2

空前的"跨界时代"：如今，人人有"副业"

_064

· 政府鼓励副业发展的四个理由　　_065
· 企业鼓励副业发展的两个理由　　_066

· 想靠自己的力量发点小财？你有那个技能和环境吗？

_068

致富方法3

年收入3000万日元之前，必须锁定一个目标、
一门生意，不能三心二意　　　　　　　　_074

· 先确定一座你想爬的山，然后去找一个靠谱的向导

_075

致富方法4

决定人生的四种工作方式　　　　　　　　_079

· E象限：Employee（工薪族）　　　　　_081

· S象限：Self-Employed（自营业者）　　_084

· B象限：Business Owner（企业主）　　 _085

· I象限：Investor（投资家）　　　　　　_089

致富方法5

为了赚到一个亿，请先将目光瞄准"企业主"

_091

· 从"企业主"起步的两个理由　　　　　　_098

第四章 能赚一个亿的人，其思维方式
FOUR 是什么？ _103

财富思维1

你的努力，必须从疏通管道，建立渠道开始 _104
· 和来来回回地搬水桶相比，会使用管子的人更有前途
_104

财富思维2

"你能不能从消费金融平台借200万日元出来，
给我们用用？"——一个被双亲提出这种要求的
男人的故事 _112
· 没钱交学费，连毕业证书都没拿到 _114
· 遇到人生的贵人，实乃命运的安排 _117
· "说！你小子的爹妈跑哪里去了？" _119
· 突破年收入一个亿的"小目标" _120

财富思维3

打小抄、模仿、"山寨" _123
· 这个世界上真正成功的人，大多起家于模仿
与"山寨" _124

·确定一个贵人即可，宁缺毋滥。之所以这么说的
两个理由　　　　　　　　　　　　　　_127

财富思维4

不要只挑"好的"拿，要拿就一锅端　　_131
·如果比尔·盖茨邀请你和他一起卖草帽，你会
怎么做?　　　　　　　　　　　　　_134

财富思维5

"成功"这件事的85%，是由什么决定的?　_139
·Have-Do-Be（确定Have）　　　　　_141
·Do-Have-Be（确定Do）　　　　　　_142
·Be-Do-Have（确定Be）　　　　　　_148

财富思维6

团队就是一切! 以自己为起点，组织一个社群_154
·不要召集人过来，而要让人们因你的魅力自然而
然地围过来　　　　　　　　　　　_157

财富思维7

向这个世界上最强的社群——华侨取经 _160

·生意伙伴的生意，就是你自己的生意！在这件事
情上，不要吝惜金钱 _161

第五章 **能赚一个亿的人，其金钱观是什么?** _163
FIVE

财富行为1

为什么越是富人，越会俯身捡拾路边的小钱? _164
·再小的钱，也能积少成多 _169

财富行为2

这个世界上绝对存在"没有风险也能赚大钱"的
投资 _172
·每个月向自己投资15万日元 _174

财富行为3

只读一本书，你的月薪就能增加1万日元 _177
·信不信由你，你只要读书，就已经赢在了起跑线上
_179

财富行为4

亿万富翁有亿万富翁做事的优先顺序　_181

· 为了优先事务，即便天塌下来，也要调整日程表

_183

第六章　能赚一个亿的人，其人生观是什么？ _187
SIX

财富观念1

"机会"这个东西，往往以"霉运"的方式来袭

_188

· "成功"从来没有逃离你，是你自己不断地逃离
"成功"　_191

财富观念2

除了尽孝之外，尽量不待在父母家　_194

· 下载安装成功者的"常识软件"，把它刻在脑子里

_197

财富观念3

能赚一个亿的人，面对"好处""利益"，更注
重义理人情　　　　　　　　　　　　　　_199

　·不能对贵人索取并深度依赖这种状态　　_201

财富观念4

人生就是一场"角色扮演游戏"　　　　　_203

　·这场游戏的规则是什么?　　　　　　　_208

财富观念5

支持别人，才会得到别人的支持　　　　　_210

　·支持别人，不能只停留在口头上，必须用行动
表现出来　　　　　　　　　　　　　　_211

财富观念6

那些能赚一个亿的人，大多"把谁都能做的事做
到谁都不做的程度之后，还能坚持做下去"　_213

　·别灰心，人生逆袭这种事，在任何年纪都有
可能发生　　　　　　　　　　　　　　_215

财富观念7

忠于对别人的承诺不管用，忠于对自己的承诺才
好使   _218
· 只有真正信赖自己的人，才能真正忠于对自己的承诺

_220

财富观念8

记住，"人生"这部戏的主角，就是你自己！别
掉链子   _222
· 认真些！你其实很幸运了   _225
· 享受连续剧   _228

写在最后   _ 231
译后记   _ 237

开场白

"咚咚！""咚咚！""咚咚！"

睡梦中的我被一阵猛烈的砸门声惊醒。

揉着睡眼打开门，我的眼前出现的居然是两个满脸横肉、凶神恶煞的壮汉！

还没等我反应过来，其中一个壮汉已然掐住我的脖颈，恶狠狠地问我："你爹妈跑到哪里去了？快说！"

突然袭来的惊吓让我本能地脱口而出："不知道！"

"你装什么傻啊！信不信我把你小子抽得满地找牙?！"

那一刻，我觉得自己的心脏都要从嘴里跳出来了……

我想起了前一晚我姐打来的那个电话。

电话里传来的声音，明显带着哭腔。

那个电话的内容居然是："爸妈连夜逃走了……"

序 言

冷不丁在你面前提这档子事，实在是过意不去！

但因为这件事是我本人的亲身经历，姑且容我把话说完！

话说自从接了我姐打来的那个电话，我的脑子里是一片空白。有那么一个瞬间，我觉得自己精神恍惚，都快崩溃了。

"爸妈连夜逃走了！他们去追阿公阿婆，也就是咱们家的亲戚。估计他们跑到东京去了。所以你那里闹不好也会有不速之客找上门来，千万要小心啊！"我姐说。

在我的人生中，还是头一次经历这种事。事情的性质和程度已远远超出了我的想象，一时间令我不知所以，惊慌失措。

我好不容易定了定神，仔细打听一番，才弄明白了事情的原委。

原来，善良的爸妈为亲戚借钱做了担保，亲戚还不起钱，连夜逃走了。无奈之下，爸妈也只好连夜跑掉，去追那两个亲戚。

果然，可怕的讨债鬼找上门来了！而且是两个人……

我确实不知道双亲所踪，只好一而再再而三地对那两个凶神恶煞的壮汉说："我真的不知道他俩去哪里了！你们与其在这里缠着我，不如去找警察！我愿意陪你们一起去！"

正在双方僵持不下之时，被我们的争吵声惊到的邻居推门而入，似乎想一探究竟。一时间场面有几分尴尬。

也许是认为我确实不知情，再缠着我也没用，总之，那两个人最后还是无奈地离开了。

我深深地呼了一口气，觉得浑身软绵绵的，脑子一片空白，对刚才发生了什么完全没有实感。

稍稍缓过神之后，我草草地做了一点准备，便拎着包去公司上班。不过，那一整天的工作到底是怎么敷衍下来的，我完全不清楚。

终于结束了格外漫长的一天，我草草地收拾了一下东西，下班回家。我不知道自己是怎么回到家的，只记得一进家门，便瘫在地上大哭了一场……

说实话，我现在想起来也觉得怪丢人的，脸上臊得慌。

对了，我忘了做自我介绍。

我的名字叫中野祐治。

实话说，人生离了钱，还真的是玩不转

对我个人来讲，认识到这一点的契机是这出父母的深夜逃亡剧；但是对其他人来说，公司破产或者"炒鱿鱼"时，人们对金钱的感触恐怕会格外深，甚至用"刻骨铭心"来形容也不为过。

当然，这种糟心事一次也没有碰到过的人肯定也不少。但是对这些人来说，未必是幸运的。因为他们很有可能错失了真正理解金钱对人生无比重要的机会。

不过，在当下，无论是谁，都会被各种环境裹挟，从而不得不对日本这个国家的现状、自身的经济状况以及未来人生的发展轨迹关心起来。

所以，无论你目前的处境如何，是顺风还是逆风"行进"，都请你对这样一个问题做出回答：对自身的经济状态，对未来的人生，乃至国家的未来，你的关心程度到底有多大？你是否曾经真正认真地思考过这个问题？

对我来说，这个问题的答案是确凿无疑的：如果没有双亲夜逃而引发的催债事件，对金钱和人生，现在的我可能依然没有任何概念，依然在浑浑噩噩地过日子，在不知不觉中滑向未知的人生危机……

感谢命运让我在"对"的时间遇到了"对"的磨难。

那次遭遇让我彻底对"金钱"和"人生"这些概念大彻大悟。那件事过后不久，我便毅然决然地从公司辞职，勇敢地与自己的"打工仔"人生划清了界限。

后来，我成为生意人、投资家、不动产老板、演讲家……现在的我已真正实现了人生的"小目标"，结结实实地为自己赚了亿万财富。

顺便提一下，是每年一亿日元①。

现在的我已经实现了所谓的财务自由，再也不用为钱而工作。

我知道你想问什么。

我到底是怎么做到这一点的呢？

说实话，这与小打小闹的赚钱技巧无关，它事关一件事，那就

①　1日元＝0.05516人民币（据2022年2月14日实时汇率）。——编者注

是：你的思想。

你没看错，**只有转变思想，才能赚到钱。**只要转变思想，一个亿真的可以是一个"小目标"，人人都可以赚到。当然，前提是你要有健全的思维能力和起码的行动能力。

我认为，这个世界上99%以上的人，应该属于这个范畴。所以，这些人大概率也会包括你。

总而言之：一个人之所以能挣到一个亿，就是因为他具备了能够挣到一个亿的人的思想。

挣到一个亿真的很简单，理论上，是个人都可以做到，也应该做到。

挣到一个亿的人关键得有那么一点实事求是的精神，以及不信邪的智慧、勇气和骨气。

本书的主旨和阐释的内容，就是希望给包括你在内的这个世界上99%以上的人——普通人好好地打打气，让人们真正明白自己的经济状况、未来的人生以及身处的这个世界的未来到底是怎样的，到底会怎样，为人们的思考及行为牵线搭桥，排忧解难。本书若能实现此目标之万分之一，便遂愿了。

"我未来想挣更多的钱！"

"什么？未来？不敢想，也没想过！能过好今天和明天就不错了，谁还顾得上考虑未来?! 但我承认，这种状态挺可怕的，特别没安全感。有时我在夜里都会被噩梦惊醒，惊出一身的冷汗……"

"虽然不知道该怎么办，但总觉得这样下去不是个办法。我想改变，却又不知道该改变什么，更别提应该怎么改了……"

"哪怕是一点点也好，我想品尝一下什么叫'成长'！因为我已经太长时间不知成长为何物……日子过得太随机，既潇洒，又憋屈。总觉得缺点什么，总觉得要倒霉……"

"我想过一个更好的人生！但什么叫'更好的人生'？应该怎么去做？完全没概念……对现在的我来说，理想和空想没什么两样，也就是想想罢了……"

"有钱没时间、有时间没钱的日子我算过够了！我真的很想过那种财务自由和时间自由的日子！那才是真正的自由！但……"

不妨一一对照一下，以上这几句，哪一句说的是你自己？抑或全部说中？

全中？不会这么倒霉吧？

哈哈，开个玩笑，你别当真。

告诉你一个好消息，即便全中，请别灰心。这个世界上99%以上的人都是这样，抑或曾经是这样，也就是和现在的你一样，包括我自己。

正因如此，我才感到肩上担子之重，才觉得有必要把自己积攒的宝贵经验写下来，与你分享。

只要你看完这本书，我敢保证，至少你会理解什么叫"赚一个亿的思维"。剩下的事，就看你自己了。

我只能帮你到这里了。

和中国不同，现在的日本有一股不大正常的风气，那就是羞于谈钱，好像谈钱是一件上不了台面的事情。

明明"柴米油盐酱醋茶"是怎么回事每个人都知道，明明"没有钱是万万不能的"这句话的意思每个人都清楚，人们就是不愿意往深里想、往明里说、往实里做，好像这么一来便低人一等似的。这种想法实在是很奇葩，实在是要不得。

我觉得之所以现在的社会风气变成这样，与家庭氛围、学校教育，乃至媒体宣传有关。在这种环境里浸淫久了，许多人产生这样的观点："满嘴是钱的人太掉价。""有钱人都不是什么好人。""那些钱都不是什么好来路，肯定有见不得人的猫腻。"……

正因为提钱似乎是一个不成文的禁忌，所以才会有太多人不会且不敢和金钱正面相对，不会认真思考，更别提切实行动了。他们甚至连挣钱的念头都没有起过。

在我看来，这是一种逃避，也是一个无可救药的悲剧。

讽刺的是，日本是一个资本主义国家，身处日本，放眼望去，满世界都是和金钱有关的信息，满世界都飘荡着让许多人不齿的所谓铜臭味。

学校教育对金钱讳莫如深，绝大多数日本人在成年之后步入社会，仍对金钱毫无概念。因此，人们对如何投资理财一无所知也便不足为奇了。

话又说回来，什么叫提钱？抑或"钱"的事到底应该怎么"提"？

这件事往深里说，绝不是蘸着唾沫数钞票这么简单。"钱"这个东西的正确提法，应该关涉其"哲学原理"和"方法论"，也就是能赚到钱的原因、根据，乃至逻辑脉络。重点是，对这些原因、根据与逻辑脉络，你得发自内心地感兴趣，并在此基础上学会思考与行动。

举个例子，一个企业、一家公司的钱是怎么赚的？

无论是打工者还是消费者，你一定在日常生活中接触过此类话题。

"听说那家公司富得流油，简直赚翻了！之所以会这样，就是因为人家的市场营销做得好，好得完全没话说！"

"据说隔壁公司之所以能在去年大翻身，是因为采用了这种商业模式。咱们公司为什么不'山寨'它一把，也许能再灵验一回呢？"

"最近这玩意儿卖得特别火，一上架便被秒抢。我们补货都来不及，不知道少赚了多少银子！你知道它为什么这么火吗？就是因为我用了这一招（营销模式）！"

"这家店真厉害，周一还能排这么长的队！瞧瞧人家这做生意的手腕！估计也是赚翻了！"

…………

以上这些话，你一定不陌生。

没错，其实我们每一个人在日常生活中都没少提钱的事，没少议论和金钱有关的话题。只不过有些言论是真的，有些言论是假的（传言抑或八卦）罢了。但无论怎么说，事实证明了一个道理，那就是对金钱这个话题，对赚钱感兴趣的不只有企业老板，还有我们身边的每一个人。

当然，感兴趣的人里也包括你自己。

别想把自己排除在外，你没那么清高。

将赚钱的话题和企业行为联系起来时，没人觉得有违和感。可一旦这个话题和个人行为联系起来时，就立马变味，成了一个有那么一点见不得光的话题，人们似乎不自觉却又心安理得地对其嗤之以鼻。

这实在是咄咄怪事！

我还不明白了，人们为什么不可以换个角度想问题呢？

即便是个人赚了大钱，人们为什么不可以换个角度思考，不必从"这里面肯定有猫腻""这个路子肯定不干净"的角度出发，偶尔换个角度看问题，岂不是更好？

比如"这人真有本事！他到底是怎么赚到这么多钱的？""那些赚到一个亿的'大牛'到底都是怎么想和怎么做的呢？人家到底牛在哪里，和我们这些凡夫俗子到底哪里不一样？""做生意到底有什么门道？"之类的，哪怕是偶尔换换思路想想这些问题、聊聊这些话题又有何不可呢？

毕竟在这个世界上，并不是所有个人赚的钱都不干净，完全干净的钱多了去了。既然如此，我们想想他们成功背后的原因、逻辑，以及支撑这种成功的价值观，抑或他们判断事物、做决策的标准等，岂不是更有意义？

相信我，你只要能从这个角度思考问题，必然会豁然开朗，乃至海阔天空：你不仅将收获与金钱有关的知识，还将大幅提升探究这些知识的兴趣。

有知识、有兴趣，剩下的就是行动了。你顺着这个逻辑一路走下来，想不赚钱都难。

所以，**大胆地谈论金钱吧！**这件事不丢人。要知道，某些时候的某些事需要撕破脸的决绝与真诚。你必须勇敢面对，不能遮遮掩掩玩暧昧，更不能用躲避去骗自己。

一句话，**正因为你不谈钱，所以你不懂钱，那么，钱自然不会来找你。**

这个世界就这么简单，就这么公平。

举个例子。如果你讨厌某个人，天天躲避着人家，那个人也一定会讨厌你，天天躲着你。

人如此，钱也如此。你躲着钱，钱自然也会躲着你。

如果有人天天对你示好，天天试图接近你、亲近你，你至少不会反感吧？

人如此，钱也如此。你对钱好，钱也会高兴，自然也愿意亲近你。

有人可能会说："这不对啊！我怎么不谈钱？怎么不想钱？我恨不得一天24小时谈，一天24小时想！问题是，一个人光想光谈有什么用？光纸上谈兵，到头来还不是穷光蛋一个?！"

别急，我特别能理解你。

你明明想认真地对待金钱，却得不到金钱的认真对待。就像你死缠烂打苦追一个女孩，对方却连不屑地拿眼角扫一下你的举动都没有。

这确实矛盾，却也极为普遍。

坦白说，曾经的我也是这样的。估计你也一样。

这个矛盾的直接结果就是，一个人不知如何面对自身的现状、未来的人生，甚至这个国家的现状与未来，整个人处于一种晕头晕脑的状态。

无论个人还是家庭，抑或整个国家，其问题所在往往与金钱有关。重点是，金钱往往还是最本质、最关键、最严重、最迫切的问题。

一言以蔽之，为了自由和自立，我们需要钱。钱真的很重要。

本书的主旨就在这里。它的存在，就是为了给你一些灵感，告诉你为了实现自由和自立，你必须具备的思维方式和行为习惯到底是什么。你可以将其视为一个礼物，抑或一本字典。没事的时候，你偶尔拿出来翻一翻，一定会小有助益。如此积少成多，量变变成质变，也能最终实现你的"小目标"。

不夸张地说，此刻的我有一种莫名的自信：**我真的发自内心地相信，任何看了我这本书的人，他对金钱的看法与做法，乃至他的人生都会发生巨变。**换言之，无论是时间还是金钱，他可以彻底地实现自由——迈向这个终极目标的第一步，也就是那个至关重要的契机，很有可能就是这本书。

我没开玩笑，我是认真的。

当然，是骡子是马，拉出来遛遛。

接下来，我们进入正题，从今天开始直面人生和金钱，学学那些成功赚到一个亿，已然实现了人生"小目标"的人的思维方式吧！

第一章

ONE

你是否对自己现在的财务状况感到满意

问一个问题。

你是否对自己现在的工资感到满意？

这份工资与你的工作内容和工作量是否真的匹配呢？

现在，你不妨好好审视一番每月的工资单。

"啊?！居然交了这么多税?"

"这么拼死拼活地干，就这个数?"

"就凭这个工作强度和工作质量，我绝对应该挣得更多！"

…………

估计看着工资单，你的心情肯定不会平静，一定会泛起层层涟漪，它让你浮想联翩、牢骚满腹。

是啊，与你的付出真正匹配的工资，到底应该是多少呢？

或者换一种问法：工资到底是怎么来的呢？

按照我个人的理解，所谓工资，简单说，就是**"让你明天也能做相同工作的钱"**；往复杂里说，就是**"你的劳动力再生成本"**。

为了让你明天也能像昨天和今天这样工作，并保证工作量和工作质量的一致性（即长期的、不间断的、可持续的工作状态），你将产生如下需要：

· 吃饭的需要=平均水平的伙食费

· 休息、睡眠的需要=平均水平的房租

· 换洗衣服的需要=平均水平的服装费

· 适度休闲、自我提升的需要=平均水平的休闲、学习的费用

总之，上述需求的合计金额就是你应该得到的基本工资。当然，你也可以将其理解成判断自己的工资与自身的付出是否匹配的一个标准。

显然，这份清单，或者说这个定义里，**你在日常工作中付出的努力、做出的成绩并没有被考虑进去。**

也许你不服气，会大声地反驳我："你说得不对！现如今有很多公司都把个人的工作能力和工作成果与薪酬制度结合起来了，这种情况遍地都是，屡见不鲜啊！"

可我要说："没错，确实有不少公司在这么做。但它们归根结底还是小打小闹，并不会从根本上改变一个人或一个家庭的薪酬或财务状况。"

因此，对日本的企业和工薪族来说，在大多数情况下，"你的工

资就是你的劳动力再生成本"。

由此出现了一个非常有趣的社会现象：正因为每个人吃的东西都差不多（吃着普通的东西），租的房子都差不多（住着普通的房子），穿的衣服都差不多（穿着普通的衣服），休闲和提升自我的方式都差不多（普通的休闲、学习），所以，钱完全剩不下来。

于是，每到月底或发薪日前，大家都成了"月光族"。

结论一目了然："挣工资"与"赚钱"是两码事。也就是说，"赚钱"的说法对绝大多数人来说是不成立的。因为仅凭工资，你根本就赚不了，甚至有时连基本生活都无法保障。

换句话说，靠工资，绝大多数人都富不了，成不了有钱人，顶多就是比糊口强一点罢了。

归根结底，公司不是让员工成为有钱人的地方，而是让老板成为有钱人的地方。这一点许多人看似明白，实则糊涂。

"一个人只要在公司里、在职场中持续奋斗、努力拼搏，迟早有一天会出人头地，变成有钱人。"这句深入大多数职场人士心中的人生格言，其本质就是骗人的，完全站不住脚。

所谓"人无外财不富，马无夜草不肥"，就是这个道理。

如果你生活在日本，如果你是一位耄耋老人，曾亲身经历过几十年前的"高度增长期"，即日本经济发展史上举世闻名的黄金期、巅峰期，你也许会认为，在那个时候的日本，仅凭上班、打工就能过上富裕的好日子。至少这个事情是可能的。可即便如此，那也仅仅是过去的好时光，而那段好时光早已一去不复返了。

现在想起来，那段好日子只不过是漫长历史长河中的一道闪电、一颗流星而已。它回不来了。

所以，该醒醒了。不摆脱上班族、打工人的身份，你大概率富不了，除非你的职业目标是世界五百强企业的高管。

坦白说，打工人的身份不破除，你甚至有可能很难幸福，即便你是一个安贫乐道的人。很多时候，残酷的现实会让你身不由己。

我在真正悟到这个残酷的现实之前，我的人生观、职业观也和大多数人完全一样：只要好好学习，就能考上好大学；只要考上好大学，就能找个好工作，进个好公司；只要找个好工作，进个好公司，就能过上富裕且幸福的生活。

现在想来，这是多么可笑又可悲。

事实上，我从大学毕业成为一名光荣的社会人之后，进公司没两年的工夫，便隐约觉得哪里有些不太对。

看着公司里那些有十几年、几十年工龄的前辈忙碌、疲倦乃至麻木的身影，听着他们不经意的叹息和抱怨，我意识到自己的职场观乃至人生观也许出了问题，有哪里不大对劲。

正在彷徨、迷惘之时，我与一本书相遇了。我受到极大的震撼，仿佛灵魂遭到了重击。这本书是《富爸爸穷爸爸》（罗伯特·清崎著），这是一本席卷世界的畅销书。

《富爸爸穷爸爸》里明确地写着这样的文字：工薪族每个月挣工资、花工资……是不可能从残酷的"Rat Race"①中脱身的。

工薪族一辈子过着胆战心惊、颤颤巍巍的日子。他们就像城市角落里觅食的老鼠，永远是黑压压一片，为了有限的食物争个你死我活。

---

① 英语常用语，即激烈而无情的社会生存竞争。——译者注

"糟了，这说的不就是我吗?!" "我就是那群争食的老鼠里最拼命的一个啊！我简直称得上'超级老鼠'！"

当意识到这一点的时候，我有一种后脊发凉的感觉。

没错，你如果在公司里混得好，能升职，也许工资确实会涨不少。

不过，工资涨上去之后，你的支出也会跟着上涨。因为随着收入变多了，你提高生活品质的欲望也会增加。这就是人性。重点是，你的生活水平一旦升上去，就很难降下来，一旦降下来，人就感到痛苦。

你的支出将永远与收入成正比。注意，这一点很关键。因为它意味着，即便你从职场小白熬成了职场老油条，乃至职场大咖，你依然会是一个"月光族"。每到月底或发薪日前，你的手头依然剩不下多少钱。你的手头如此，银行户头亦如此。

不信的话，你就去问问公司里的前辈和你的上司，看看他们怎么说。

结论就是：无论你的职位和收入有多高，手头和银行户头都没有太多余额，这便意味着你永远不可能真正富起来，不可能真正成为一个有钱人。

说到底，你还是没钱。

· 年薪1200万日元，金融资产却为0的人们

总体来看，如今这个时代最大的问题是，没有任何金融资产的人或家庭越来越多。

根据日本金融广报中央委员会2016年的数据，在日本，超过三成的两人以上家庭、近五成的单人家庭都没有任何储蓄。

这真的是一个惊人的事实。更惊人的是，现在这种情况并没有任何好转的迹象，且依然在逐渐恶化中。

在"没有储蓄"的调查对象中，"完全无收入"的家庭最多，其次是"年收入少于300万日元"的低收入家庭。这种现象可以理解，毕竟巧妇难为无米之炊，无收入或低收入的人确实存钱不易。

问题在于，某些特殊的数据其背后蕴含着深意。

"年收入1000万~1200万日元"的家庭中，居然有超两成的家庭没有任何储蓄；即便年收入远超1200万日元的家庭中，也有8.7%的家庭称自己"完全零储蓄"。[①]

这意味着什么？

这就意味着你即便收入高，只要你的收入与支出[②]成正比，你就不可能让钱留下来，不可能让自己成为一个有钱人。

所以，请你现在务必严肃地问问自己：

---

① 上述调查对象均为有两人以上家庭成员的家庭。——译者注
② 这里特指维持生活品质的支出，与投资、经商领域的支出无关。——译者注

第一，仅凭我手头上的这些钱，是否真的能够让我与我的家庭拥有一个光明、幸福的未来？

第二，仅凭我的工资，是否能够让自己退休后也能幸福地、没有任何不安全感地度过人生最后的时光？

第三，我的实际工资到底是多少，有多少被"苛捐杂税"侵蚀掉了？对实际工资，我是否真的做到了心中有数？

第四，我每个月挣的工资里，到底有多少是能自由支配的钱，即有多少是完全由自己说了算的钱？

为了你自己和你的家庭的未来，对上述问题，请务必认真思考、认真作答。千万别自己骗自己，给自己灌那些好听却没用的鸡汤。

请你面对现实。

没错，**为了做个有钱人，你首先要学会面对现实。**别管现实多无聊、多枯燥，或者多尴尬、多残酷，别逃避，面对它！

因为这是有钱人之旅的开始。这是必由之路。

我们乘坐的这艘船，真的绝无可能沉没吗？

说一个严峻的事实。

2019年5月10日，日本财务省发表了一个惊人的数据：在该财政年度结束时（2019年3月底），日本的国债、借款以及政府短期证券等国家负债的余额总计达1103兆3543亿日元之巨！

这个数字与2018年年底（12月末）的数字相比，增加了2兆8278亿日元，刷新了历史最高纪录。

按照日本总务省给出的日本人口动态数据（1亿2623万人，此为截至2019年4月1日的数据），做个简单的计算就能得出如下结论：如果将这些国家的债务分摊到每个人的头上，现如今的日本国民每人的负债金额将是874万日元左右。

可另外，你知道日本每年的税收总收入是多少吗？

说出来恐怕你都不信，只有区区63.5兆日元！

这就意味着，即便日本各级政府每年把所有税收收入全部拿来还债，放弃一切支出，这笔债也得还上近20年之久！

当然，这仅仅是假设，不可能成为现实，否则所有社会公共服务将全部停摆，这个国家也就完蛋了。

问题在于，这1103兆日元的欠债，每年光利息就高达8万亿日元，8万亿日元啊！

不只如此，为了还债（其实很大程度上只够还利息），为了过日子（维持正常的国家运转），日本政府每年还得不断地借新债还旧债，拆东墙补西墙，应付各种财政支出（如国民养老金、全民医保等各种福利金，以及幼儿园免费入学的政府补贴等开支）。由此，日本政府每年还要发行30多万亿日元的新债券，不断地增加已堆积如山、呈天文数字的国债余额规模。

日本政府已欠了一屁股债，几近老赖的状态。这笔债在理论上几乎已不可能还清，所以它现在是一副"虱子多了不咬人，债务多了不压身"的架势。

这就是现状。现实很残酷，可现实就是现实，容不得你无视和矫饰。

日本社会的高福利其实都是假象。这些看似优渥、慷慨的福利都是日本老百姓用自己的血汗钱买的单，根本就不是体制的恩赐。买单的途径是税收或借款。不断增加的税收或借款事实上是对民众财富的压榨和掠夺。

根据财务省出具的资料，如果将日本的一般会计预算（以2018年为例）比喻成一个月收入30万日元的普通家庭，那么家庭每个月的生活支出已超过了收入，达到38万日元！

这就意味着巨大的亏空，这个亏空只能靠借钱弥补。因此，为了还债，为了生活，这个家庭每个月还得再借8万日元才能勉强维持下去。

这种情况应该怎么理解？

按照经济学或会计学的一般理论，这种情况只能用两个字来形容，那就是：破产。

换言之，如果不对这个家庭的财务状况进行彻底整改，即便父母辈可以勉强熬过去，子女辈也大概率难逃破产的厄运。

关于"我们的国家很危险，正站在悬崖边上"的说法绝不是耸人听闻。

遗憾的是，上述数据全部都是国家公开发表的数据，政府并没有做任何隐瞒，可是真正关心和知晓这一事实的人，在当今日本屈指可数。

那些对国家负债有所感知的人，大多数也完全没有意识到债务的总规模居然会达到这样一种程度。

总之，说现在的日本国民对于自己以及国家的现状总体上处于一种无知或半无知的状态，应该不算太夸张。

这一事实本身的意义更为重大。

这一现象意味着，有太多的人对"危机"二字完全无感。明明一辆疾驰的火车是奔着悬崖而去，人们却争先恐后地挤上火车，以为自己要去的地方是天堂……

现在问题来了：为什么日本人的集体危机意识居然会浅薄至此呢？

· "只有自己不会倒霉，倒霉的永远是别人"的心理，你有没有？

恐怕大多数日本人是这么想的：作为发达国家的日本，绝无可能破产。

这就是日本人的过度自信。

我认为有必要帮日本人认清现实。

常言道：以史为镜，可以知兴替。让我们来回顾一下历史。

前几年的欧债危机发生时，想必每个人都知道席卷希腊、塞浦路斯等国的银行挤兑潮吧？

其实，日本也发生过这种事——封锁储户的银行存款。

这件事发生在70多年前的1946年。

你想，储户连自己的存款都取不出来了，这种情况难道还不能被称为财政破产吗？

更何况和那个时候相比，今天的日本，国家债务余额的绝对规模和相对规模都已经大到无以复加的程度。

当然，我知道你想说什么。

"此一时彼一时。1946年的日本是什么状态？二战刚结束，日本疮痍满目，百废待兴。那时的日本怎么能和现在比？现在的日本是世界第三大经济体、全球一流的老牌发达国家，拥有无与伦比的实力！这么牛的国家怎么可能轻易破产呢？"

但是别忘了，世界就是这么奇妙，曾经发生过的事情大概率会再发生一次。至少，你不能轻易认为"发生过一次的事情不会发生第二次"。这种看法太草率了。

日本的国家负债如此严重，政府不得不绞尽脑汁，使出浑身解数应付债务。而在税收收入整体上长期入不敷出的情况下，政府又能如何应对不断膨胀、屡创新高的债务呢？

简单。印钞票就行。政府通过大肆印钞引导日元贬值，诱发物价上涨，降低货币购买力。货币的价值下降，钱不值钱了，也就意味着债务规模的削减。

如此一来，这个问题便解决了。换言之，这就等于日本百姓的钱无声无息地流进了政府的腰包里。

坦白说，我能理解政府的做法。政府确实没招了，只能从能下手的地方下手，能捞钱的地方捞钱，这也完全可以理解。

重点是，这个最易下手的对象就是广大工薪族。这些人的付出支撑了国家庞大的债务。而这大部分债务，恐怕一万年也还不完……

可悲的是，他们却不自知。何止不自知，他们在未来完全没有偿还保证的前提下，还在不断地被榨取和剥夺着……

昨天如此，今天如此，明天亦如此……工薪族将一直工作到无法继续被榨取、被剥夺为止。

国家的债务之旅已经走上单行道，不可能走回头路了。

所以，就在现在，你必须从那条即将沉没的船上逃出来。

自己的命运，自己守护。除此之外，别无他法。

这个世界上从来就没有什么救世主，救世主只能是你自己。

"底层老人" "老后破产" 的悲惨结局

在人口减少、少子化和高龄化现象愈演愈烈的日本，人们时常会听到和年金有关的各种新闻。

针对年金问题，以厚生劳动省①公布的年龄别数据为基础，学习院大学的铃木亘教授试算出了一组数据，供大家参考。

据厚生年金的一般收支状况（即养老金获得额与支出额的对比）计算，截至2018年度，"关于年金，多大岁数的人能占到便宜，多大岁数的人会吃亏"将遵循如下规律：

70岁：3090万日元的浮盈（占便宜，以下同）；

65岁：1770万日元的浮盈；

---

① 厚生劳动省是日本中央省厅之一，相当于福利部、卫生部、劳动部的综合体。——编者注

60岁：750万日元的浮盈；

55岁：170万日元的浮盈；

50岁：340万日元的浮亏（吃亏，以下同）；

45岁：800万日元的浮亏；

40岁：1220万日元的浮亏；

35岁：1590万日元的浮亏；

30岁：1890万日元的浮亏；

25岁：2120万日元的浮亏；

20岁：2280万日元的浮亏；

15岁：2340万日元的浮亏；

10岁：2360万日元的浮亏。

看见没有，年金这个东西，能让人占到便宜的最低年龄是55岁。换言之，到不了这个岁数的人其实都在吃亏。年纪越小，吃亏越多。

特别是对40岁以下的人来说，这个浮亏的数额还不小，都在1000万日元以上。

我们可以做一个大胆的假设：假设有一天，日本的年金体系由于不堪重负而彻底崩溃，那么，谁的损失最大？

结论不言自明。

不要天真地以为这种假设是杞人忧天。要知道，日本的年金制度发端于半个多世纪前的1961年，而那时的日本，平均十一个年轻人养一个老人（十一个上班族缴纳一个老人的养老金）。但是现在呢，这组数据变成两三个年轻人养一个老人。

重点是，情况还在持续恶化。据说到2030年，日本将变成平均一个年轻人养一个老人的社会。这将会是一个重要拐点。越过这个拐点之后会发生什么，不用我说，你也能猜得出来。

别忘了，日本是世界上人口最长寿的国家，而且国民平均预期寿命还在不断地增长。换言之，1961年的平均养老期①如果按5年左右来算的话，现在这个数据已经变成了10年，到2030年会变成20年！

当然，你也许会说：这种算法不对！老年人的养老金都是自己在几十年的打工生涯中一点点地付出、一点点地积累下来的。所以他们是自己养活自己，怎么能说是年轻人在养活他们呢？

你说到重点了。

所以，这里面就有一个养老金资金池的经营问题。

众所周知，日本养老金资金池的运营已经举步维艰了。为了改变这一艰难局面，日本政府已经大幅提升了公共年金基金投资于股票市场的比率。

相关数据显示，截至2015年3月底，在其全部投资中，公共年金基金投资日本企业股票所占的比率，已经从2013年的14.6%大幅提升至23%；对外资企业股票投资的比率，也从12%提升到22%，剧增了10个百分点。

重点是，这种趋势还在不断加强或者说恶化之中。

换言之，现在日本人缴纳的年金，已经有近一半被投到股市里。未来，这个比例只会更高，不会更低。

我们知道，股票市场是公认的高风险高回报的地方。你想多赚钱，就要承担更高的风险。

---

① 老年人领取养老金的年数。——译者注

问题是，放眼全世界，将国家年金基金的近50%扔到高风险的股票市场里试水，干如此冒险的事，除了日本，你找不出第二个国家。（该数据截至2015年10月。）

作为一个普通的日本打工人，你难道不觉得后脊梁发凉吗？

·知道了现实的残酷之后，我们应该如何生存下去？

日本人的寿命越来越长。

现在，80岁以上的老年人据说已经超过了1000万人。

据专家估算，到2053年，日本总人口将跌至1亿人以下。

尽管随着人口总数的减少，日本高龄者的绝对人数在2042年以后也会逐渐减少，但这一人群在总人口中所占的比重将依然缓慢上升，看不到拐点。

重点是，在老人群体中，独居老人的数量与比率也在急剧增加。因为养老设施的匮乏（而且是动态匮乏。它意味着即便政府不断建设新的养老设施，也赶不上需求增加的速度）和人手不足的限制，现在的日本社会已经有越来越多的老年人无法进入正规设施养老，出现了大批所谓的"养老难民"。这一越发严重的问题经电视、杂志等媒体的密集报道，在日本社会引发了越来越多的关注。

所以，现在不妨认真地想一想：当你也老了，**在你65岁到85岁的老年生涯中，在人生旅程的最后20年里，手头到底有多少钱才能让你安心终老，不会有任何后顾之忧？**

如果那时你还有一个老伴，老两口一年的花销到底有多大？

饮食费、房租、水电费、医疗费（医保自费部分）、娱乐休闲费，以及其他生活费用（比如你还有啃老的子女需要接济和年迈的双亲需要照顾），等等，零七碎八加在一起，这笔钱绝对不会是一个小数目。

问题在于，对大多数人来说，这个数目会远超当初的想象，人们完全没有任何心理准备。这才是真正的重点。

以上仅仅是一年的数目，把这个数乘20，会是一种什么情况，你能够想象吗？

前面说过，二战后的日本曾经有过一段好时光。在当年的经济高速增长期，也就是日本经济发展史上的黄金期、巅峰期，仅凭退休金就能搞定房贷，就能满足无忧终老所需要的基本支出，这样的事情也许确实发生过。

然而时过境迁，现如今的日本，有几个人能拿到这样的退休金？如果拿不到，你就只能继续打工人的生涯，可是七老八十的你还有多少气力与精力能够让自己持续奋战在竞争激烈的职场一线，去与那些比你年轻几十岁的人争抢饭碗，进行残酷的鼠群竞赛呢？

所以，"底层老人""老后破产"这样的词才会逐渐开始流行，想必你也没少听过此类说法。

事实很残酷，可这确实是事实。至少现在，你应该没有绝对的自信，认为自己的老后人生能完美地规避这一点。

因此，你必须有危机感，必须从现在开始就想点什么、做点什么。

那么，知道了这些令人不快的数据之后，你到底需要怎么想、怎么做呢？

显然，抱怨既显得没出息，也没有用。政府已经竭尽全力。有些事无法避免，由不得人。

　　与这种充满负面情绪的思维和行为相比，真正有出息也有用的做法是，从现在开始制订出一套周密可行的计划，然后拿出切实的行动去亲手创造自己的"老后无忧"资金。

　　没错，无论你现在多大年龄，哪怕已经快到退休年龄，你只要不再踌躇，从现在开始行动，便不会太晚，至少还有一线机会。

　　记住，不要抱怨任何人。你抱怨的瞬间已经意味着你将自己的人生托付给了他人。这种托付心理和行为本身就极其危险。

　　还是那句话：这个世界上从来就没有什么救世主，要想改变命运，我们只能靠自己。我们务必要做自己的主人，用自己的双手扼住命运的咽喉，改变命运的走向。

　　人的命运就是从两个词开始的，一个是"相信"，一个是"行动"。

　　我们要相信自己能做到：看破世道的本质，拿出切实的对策，用自己的手去抓住本应属于自己的幸福。

"忍耐"与"妥协"的活法，现在必须放弃

我承认，在前面的章节中，没少说略显冷酷的话。

我也不想这样，可现状就摆在那里，容不得你自己骗自己。

我希望这些事实对你能起到一些教育的作用。

果能如此，我心甚慰。

下面，我们简单回顾一下：

第一，你的工资只是"你的劳动力再生成本"。 往极端里说，它仅仅是被日本的"苛捐杂税"榨取后残留下来的碎屑而已。

第二，之所以会这样，是因为日本经济常年低迷，长期处在"准危机"的边缘，导致政府财政入不敷出、债台高筑。 无奈之下，政府唯一能选择的手段就是不择手段地对你征税了。

第三，在人口不断减少、少子化和高龄化愈演愈烈的日本，社会上出现了越来越多的"底层老人"和"老后破产"现象。

面对这些现实，你得知这些真相之后，是怎么想的？今后准备怎么做？

因为想了也是白想或者做了也是白做，你准备继续像从前那样忍受和妥协下去，直至人生的终点吗？

问题是，你如果仅仅以打工人、上班族的身份继续置身于激烈的职场竞争中，任由自己随波逐流，面对人生道路上潜伏着的无数生存危机，你真的有信心战胜它或者仅仅是全身而退吗？

在直面现实的基础上，你付出最大的努力，用自己的双手改变未来，这才是唯一靠谱的做法。

为实现这一目的，你首先要做的事情是：**务必在最短的时间内，打破那些你曾深信不疑的与金钱和人生有关的旧常识，形成更为务实的新常识——能为你真正带来财富和幸福的常识。**

这件事也许确实需要一点冒险精神。不过，人生就是这样，有挑战就有风险。但也只有发起挑战这一条路能真正给人生带来一个质变的机会。否则，我们只能碌碌无为或者坐以待毙。

·在充满风险、完全未知的人生路上，靠惰性凑合着活，真的靠谱吗？

我的人生经历就是一个绝佳的参照物。

犹记得24岁那年，我读了那本《富爸爸穷爸爸》之后，内心有了受到剧烈冲击后的鲜活感觉。以此为契机，我遇到了人生中的第一位导师、命中的贵人，并彻底改变了人生的轨迹。

我先是进入那位导师开办的"创业塾"（创业讲习班）学习，然后将所学的知识一步一步地运用到实践中去——这样的日子一直持续了三年。在那三年中，我一边做着普通的上班族，一边利用周末的时间听课、实践，在自主创业这条路上越走越远。

坦白说，我当时所在的那家公司是一个颇具实力、很有名气的大公司，如果一直待在那里，估计用不了多久，我也能混上个一官半职，当个处长、科长什么的。对普通上班族来说，我当时所处的位置是相当令人艳羡的。既然如此，我为什么会那么毅然决然地离开呢？原因很简单，我看到了自己未来的样子——每当公司午休的时候，部门里的科长、处长总会聚到一起唠唠家常，发发公司的牢骚。这样的牢骚无非是加班太多，完全没有私人时间；升职后工作量陡增，可薪水却几乎没怎么涨……

他们虽然牢骚满腹，可除了忍耐和妥协之外，别无他法。日子只能这么过下去，不可能有任何改变。

说实话，公司的上司平时没少关照我，我很感激，也很尊重他们。只不过，听多了他们的牢骚，见多了他们的现实，我已经暗下决心：自己的未来绝不能和他们一样！

于是，我离开了那家公司，将命运牢牢地握在了自己的手里。

后来，我听说那家公司几年前差点破产，最终被一家外资企业收购了。新的管理团队对公司进行了一番大刀阔斧的改造。大量员工失业，其中不乏与我同时入职的老员工。还有几个当年的老同事、老上司好不容易买了房，可薪水被大幅削减，再也负担不起房贷，不得不断供，丢掉了自己的房子。同病相怜的他们只好天天下班后聚到一起借酒消愁，自知对现实毫无办法。

…………

这就是一家上市的世界知名的大企业赤裸裸的现实。

我越发坚定了一个信念：人生充满了未知数，忍耐和妥协是要不得的，一个人会被人生无数的未知击垮。所以，勇于挑战才是唯一正确的人生观。

我几乎每一天都会为当年选择了充满挑战的人生而倍感欣慰与自豪。

那么，你又准备怎么做呢？

勇敢地面对你一直笃信的那些常识，是无法回避的第一步。

在下一章，我们将从"常识"这两个字出发，一起找一找改变人生的钥匙。

TWO

尊重他人的"建议"，但千万别听

我们每一个人的人生都是被各种常识所束缚、所裹挟的人生，只是被束缚和裹挟的程度不同而已。

越是那些诸事不顺的人，看起来很努力却怎么也赚不到钱的人，被那些零七碎八的常识所束缚、所蛊惑的程度越严重。

本章的内容就从这个角度出发，和你好好聊聊那些和常识以及重塑常识有关的事。

首先，我们有必要重塑对前辈的认知。

对我们来说，任何一位人生的前辈都是值得也应该尊重的对象。只不过，尊重他与听取他的建议是两码事，不能混为一谈。

举个例子。假设你是一家公司的销售人员，正为业绩不佳而苦恼。如果此时一位同样业绩不佳的前辈走过来给你提建议，你会听吗？会信吗？会照做吗？

恐怕不会。

为什么不会？

因为这个建议是从一位业绩不佳的前辈那里听来的，它能带给你的结果大概率也会是业绩不佳。这个建议非但没有帮你解决问题，还让你欠他一个人情，当然不划算。这何止不划算，简直亏大了。

如果那位前辈的建议真靠谱的话，他自己也不会业绩不佳了，就是这样一个简单的逻辑。

因此，仅仅因为自己是前辈，就给后辈提建议——这个逻辑本身才真正有问题。

日本人对"失落的20年"这个说法大概不会陌生。

20世纪90年代初，日本经济泡沫破裂后的20余年时间里，日本经济一直状态低迷，迟迟无法复苏——这一阶段已载入史册，被称为"失落的20年"，登上了世界上几乎所有经济类高校的教科书。

然而对日本而言，"失落的20年"已经是一个相当乐观的结果。现在看来，日本恐怕还要经历"失落的30年""失落的40年"，甚至"失落的50年"……

总之，在现在的日本，我们几乎已经见不到经济增长了。"增长"这个词对日本经济来说，真的是久违了。

数据说明一切。最近20年，日本经济名义上的增长幅度只有区区一成左右。而同期美国经济增长了约3倍，中国经济更是增长了27倍之多！

我们将视野扩大，结果也是如此。全世界名义GDP排名前60位的国家中，在相同期间内经济接近零增长的国家，除日本外，你很难再找到第二个。

日本如果也能和其他国家一样，一直保持经济正常增长的态势，且学校的老师、公司的前辈、家里的双亲都能在个人财务方面游刃有余，没有经济上的后顾之忧，来自前辈们的建议我们完全是可以听取的，因为它有营养，有说服力。可残酷的现实是，这些前辈的现状都不容乐观，且有越发恶化之势。这一点与整个社会经济发展趋势是高度一致的。

这才是真正的问题所在。

由此，我们可以得出结论："不听老人言，吃亏在眼前"这个我们信了一辈子的常识，现在必须抛弃。

这里所指的前辈，不仅仅是职场的前辈，还包括学校的老师，乃至家里的双亲。

除非他们已经为自己赚了亿万财富，至少是百万财富，除非他们已经真正实现了财务自由，否则，我们在投资理财和职场人生方面听取他们的建议，就是犯傻。

当然，我有必要再重复一遍：他们的建议不值得借鉴，并不代表着他们的人品有问题，也不代表着你可以不尊重他们。

这是两码事，不可混为一谈。

· "建议"这个东西，只能从真正实现了这个"建议"的人那里听取

说出来你可能不信，当我与人生导师初次会面时，对方只是一个27岁的小青年。换言之，对方是我的同龄人。

那时，他和我一样，还是一个上班族。他利用周末的闲暇时间自主创业并初获成功，也就是人们常说的"骑驴找马"的创业方式。

彼时的他，不算公司薪水，月收入已达300万日元之多！以他这个年纪，他绝对是个不折不扣的成功人士。那时的他已实现财务自由，赚钱不再是第一要务。他的兴趣点和事业重心开始转换，逐渐转到他认为真正有意义的事情上，比如做慈善、培养弟子、协助弟子创业，甚至直接给弟子的创业项目投资……

就拿我自己来说，我那时没少沾导师的光，经常和他一起吃大餐，外出旅行。当然，所有餐费和旅费都不用我操心。

我依然记得当时导师对我说的那句话："好好干，好好赚；好好做慈善，好好缴税款；好好为社会做贡献，好好做个堂堂正正的好公民、男子汉！"

这不就是我向往已久的理想人生吗？

既然他已经实现了这样的人生目标，已经拿出了这样的结果，我听他的建议、向他学、跟他走绝对没错！

凭着逻辑和直觉，我义无反顾地加入了他举办的"创业塾"，成为他的学生。迈出这一步是我此生最重要和正确的选择。有了这一步，我才有了今天的结果。

所以，你也一样。你如果真的很想实现财务自由，很想解放自己的金钱和时间，很想变成一个更好的自己，那么，别再浪费时间，也别再被人忽悠，尽全力去寻找一个已经实现了这些人生目标的人，然后从他那里听取建议吧！

那个人的建议才是真正有价值的东西。

当然，这有个前提：他说的必须是真话，走的必须是正道，他的价值观必须没有重大瑕疵。

财富通识2

千万别存钱

人人都说，日本人喜欢存钱。

这个常识是谁规定的？是怎么来的？

这还得追溯到明治维新时代。在明治初期，模仿英国的做法，日本建立了自己的邮政储蓄体系，为使该体系取得成功，当时的明治政府进行了大规模的推广宣传；进入昭和时代，为了确保军费来源，昭和政府进行了广泛的推广宣传，并推出一系列储蓄奖励措施，大肆鼓励、嘉奖人们的储蓄行为；二战结束后，为了给大规模的战后重建筹资，当时的驻日盟军总司令部也推出类似的政策，鼓励人们多储蓄、少消费。

可见，日本人的储蓄习惯从来都是为当政者的某些政策目标服务的政治工具。的确，在我们父辈的那个时代，人们只要把钱放到银行户头里存起来，每年大概会有7%的利息收益。这个收益相当不错，至少可以为储蓄提供一个合情合理的理由。

在那时的日本，储蓄和替代储蓄的保险对大多数日本人来说是投资理财的一条正路。因此，称其为常识似乎也不为过。

但是，这条路现在和未来还能走得通吗？储蓄还有意义吗？

·现在这个时代，即便你存了100万日元，10年后顶多能拿到1000日元的利息

首先，我们来看看日本主流银行的利率水平。

从1个月的活期到10年的定期，从300万日元以下到1000万日元以上，在此范围内的储蓄产品的利率完全一样。截至2020年1月，利率统一为每年0.01%，几乎就是0。

既然如此，银行居然还要推出10年期定期存款，居然还有人会买账，不知这些人是怎么想的，可谓愚蠢至极。

以上说的还是大额储蓄的情况，普通储蓄的利率更是低得吓人，只有上述利率水平的十分之一，也就是区区0.001%！

这种水平的利率，相信用"麻雀的眼泪"（日本谚语，指少得可怜）来形容也不为过。

举个简单的例子。

假设你在银行里有一个1年期定期存款的户头，你往里面放了100万日元，且连续放了10年。假设这10年的利率水平不会发生任何变化，10年后，你会得到多少利息收入呢？

答案是：你的含税利息收入将是1000日元。

银行拿着你的100万日元去做各种投资，10年后只能给你1000日元作为回报。

考虑到通胀因素，这种情况是典型的亏损。换言之，日本现如今已经进入不折不扣的负利率时代了。

这1000日元的收益还算是好的。你得在储蓄的这10年中完全不动这笔钱，才能拿到持续、稳定、可预期的利息收入，才能确保最后将这1000日元的利息完全收入囊中。如果你时不时动用这笔存款，哪怕只是偶尔取出一小部分来应急，利率水平也会大幅波动，从而导致你这1000日元的利息大幅缩水。

不妨扪心自问，在这样一个时代里，你还固守着所谓"储蓄是美德"的常识，真的有意义吗？

常识这个东西，是官僚政客或者大众媒体为了达到自身的某个目的而特意打造出来的工具，想必这样的认知方式才更为明智一些。

顺便说一句，2001年日本政府推出了所谓的"定期年金免税储蓄"①制度；2014年又推出了小额投资非课税制度（NISA）；后来又出现了小额投资非课税制度的升级版。

一句话，现在的日本政府已经转变政策方向，不再鼓励国民储蓄，而是大力推广投资。

换言之，如今这个时代已经从储蓄变成了投资。

既然这个新事物依然以常识的形式出现，它的本质便不会有任何改变，依然是官僚政客为达到自身的目的而打造的工具。

---

① 类似中国的储蓄型养老保险。60岁前，人们每年存入一定数额的养老金进行投资，投资收益可以合法避税。人们60岁后才能正式享受这笔收益。——译者注

显然，官僚机构用日本民众的年金或者储蓄去投资，风险得由自己承担；而日本国民自己把风险承担起来，将给那些机构和政客省掉不少麻烦和成本。

　　难怪日本的常识会发生如此大的改变——这些新常识会得到大力宣传。

　　这一次，你还会选择被这些新常识所束缚、所裹挟吗？迄今为止你吃的亏、受的教训还少吗？

財富通识3

如果你想买房，务必全款拿下，别借钱，也别贷款

　　除了储蓄之外，买房是与普通人的投资理财有关的另一个重要常识。

　　当然，买车也是人们关心的话题。只不过，车是消耗品，房子是升值品。所以按照一般的经济学理论，买车不属于投资行为，而买房则是标准的投资行为。毕竟无论是多豪华的车，二手车的概念和二手房是没法比的。

　　只不过，日本这个国家很神奇。在日本，房子其实和车没有太大区别，其投资属性已所剩无几，几乎与负资产无异。

　　之所以这样说，理由很简单：从结论上讲，资产应该是拿得越久升值越多的东西，而拿得越久贬值越多的东西则是负债。用这个概念衡量，在日本，房子和车都是典型的负债，而不是资产。因为这两样东西都符合"拿得越久贬值越多"的特点。

我们不妨以房产为例。

首先，日本的房地产行业已经低迷了几十年，房价波动非常小，甚至还有缓慢降价的趋势；其次，从你买房的那一刻起，一直到你把房子卖出去，房产税你是逃不掉的，这也是一笔不菲的开支；还有，在你持有该房产期间，由于各种原因，房子必然会发生不同程度的物理损耗（墙皮脱落、地砖破损、管道故障等等），而这会花掉你一大笔修缮费……

房子如此，车也如此。

买了车，你就需要去给车年检，要花年检费；就需要停车，要花停车费（包括购买停车位的费用）；就需要买保险，要花保险费；就需要修理，要花维修费；就需要保养，要花保养费；就需要加油，要花汽油费……以上花费积少成多都是一笔惊人的开支。

至于过路费、城建费、违规罚款费、超重费等等，更不在话下了。这就是所谓"买车易，养车难"的道理。

上述所有费用都在侵蚀着你的腰包和银行存款。如果你不是全款买下，而是采用分期付款或贷款的方式买的车和房，还得再加上一笔昂贵的利息。

特别是房贷。这是一笔货真价实的巨额负债，它往往会缠你一辈子。当然，对银行来说，这则是一笔不小的资产。所以，坊间才会有所谓"房奴"的说法。

·日本住宅贷款的起源

与储蓄一样，日本的房贷起源也可以追溯到明治时期。

让人略感意外的是，房贷在日本的起源居然与金融机构无关，而是源自不动产行业的自发行为。

彼时，明治维新大获成功，日本的经济状况迅速改善，日本初露近现代国家的雏形。随着收入增加，腰包渐鼓的日本民众开始谋求从前想都不敢想的自有房产。可毕竟房子不是一般消费品，要价不菲，能够全款买下的人极少，只能诉诸借款。那时的日本并没有任何成形的正规房贷制度体系，大量民众只能从普通的民间放贷者那里取得贷款。而这一崭新的潮流进一步刺激了高利贷现象的泛滥，民间金融市场几乎成了黑心业者乃至黑道的天下，逐渐产生严重的社会问题，令日本社会怨声载道。

对此现象深感忧虑的安田财阀创始人安田善次郎决定做点什么。

他筹建了一家新的不动产公司——东京房产。这家公司开创先河，在日本首次尝试了分期付款的购房制度。

这一年，是1896年，距今已有120多年。这便是日本房贷制度的雏形。

从那以后，小林一三（阪急电铁集团的创始人）又推出了住宅分期付款制度[①]。此制度亦大获成功，成为日本关西地区中产阶级"买地热"的重要契机。

小林一三于明治末年创建了现如今大名鼎鼎的阪急电铁的前身，

---

① 此处的住宅包含土地所有权，该制度类似"以租代售制"。——译者注

开始了铁路业务的正式运营。

彼时的日本正值铁路建设的高峰期，一大批核心公司如雨后春笋般涌现，一大批铁路干线在日本各地密织成网。阪神、南海、京阪等连接日本各主要城市的铁路线先后开通运营，整个行业呈现出一派欣欣向荣的景象。

在这股势不可当的时代大潮中，小林一三的不同之处在于，他将自己公司的铁路从繁华闹市——大阪市中心的梅田区一直延伸到人迹罕至的偏远乡村。换言之，铁路将经济发达地区与欠发达地区连接了起来。

"在那种鸟不拉屎的穷地方开通火车，这个人真是疯了！"小林不同寻常的经营方式遭到每个人的嘲笑。可殊不知，这位日本经营史上的大神级人物早就为此埋下了伏笔——早在正式通车之前，他已经将铁路沿线的大片土地以极其低廉的价格买下。不仅如此，经过严密精准的规划，那些土地上已开始进行大规模房产开发——而所有这一切，都与小林超前的商业眼光有关。彼时，由于工业化的迅猛发展，以东京、大阪为首的日本大都市呈现出基础设施不堪重负、居住环境急剧恶化的势头。鉴于此，小林一三敏锐地预见到一个即将到来的新常识，即"乡村居住，城市上班"（城乡通勤）的崭新生活模式。

既然预见到了它，小林便亲手创建它。为了给这种新常识、新生活方式推波助澜，小林一不做二不休，干脆推出了连普通上班族也可以参与的住宅分期付款制度。

由此，他那些建在铁路沿线的偏僻乡村的住房就像开闸的洪水一般，热销势头一发而不可收。

从那以后，房贷制度在日本逐渐成形，并随着大型金融机构的介入越发规范化、普及化、常识化，一直延续到现在。

遥想几十年前日本经济的高速发展期，人口迅猛增长，土地不断升值，收入持续增加……真是一个美好而特殊的时代。

那时的日本人即便背负高额房贷，只要地价和房价不断地涨上去，就能靠房子大赚一笔，成就财富人生。

现如今的日本呢？国家既没有高速的经济增长，土地也不再只涨不跌。在这种情况下，人们对从购入的瞬间起，价值便开始直线坠落的房子投入重金，甚至不惜长期贷款，令自己身负重债这样的行为，遵循的到底是一种怎样的逻辑？

众所周知，日本的人口在不断减少。

即便如此，日本各地崭新的高层住宅楼群依然如雨后春笋般不断涌现——无论怎么看，这种情况也是典型的"供给过剩"。迟早有一天，这些楼宇中的大多数都会空置。既然如此，这些楼宇的资产价值又何在呢？

它们是负资产而已。

"租房住，房租就跟白扔了没区别！""怎么也是花钱住房子，租房不如买房。起码后者的房子是自己的，前者的房子是别人的。"

此类固有观念不时从各方袭来，令人心猿意马。

如果每个月的房租与每个月的房贷相当，这个逻辑说得通。可如果这种事真会发生，租房市场岂不是要灰飞烟灭？消灭了租房市场，买房保值和增值的逻辑也就从根本上被颠覆了（房子之所以会升值，房租收益的存在是其重要的理论支撑）。

这是一个死循环。

事实上，近些年在各大都市如雨后春笋般不断涌现的高层住宅楼群，就是这种"都市中心居住"理念大流行的象征性存在。那些踊跃购房的人都抱着自有住房未来必会升值的幻想，做着各自的财富梦。

问题在于，这些房子真的必然升值吗？

我曾经做过一个小实验，亲自测算过东京都内某高档物业在买或租两种情况下的价值变迁轨迹。

某些具体数据此处姑且省略，我们假设这个物业里的某处房产的购入价格是8587万日元，25年之后，如果只租不买，房租总额将是6250万日元。两者之差达2337万日元之多！

注意，现在重点来了。

即便多付出2337万日元，如果从第26年开始，这个房子能给房主带来净收益，"买房比租房划算"的理论似乎依然说得通。

没错，从第26年开始，租的房子依然还是租的房子，是别人的房子，而买的房子将会成为你自己的房子。

问题是，25年之后，当这个房子终于成为你自己的房产，它的资产性到底如何？恐怕几乎没人认真思考过这个问题。

按照日本的现状，一个人偿还完所有房贷，这个房产将会成为"使用年限超过25年的老旧房产"。除了极少数高品质小区之外，这些旧房子非但没有继续升值的空间，还需要追加投资大笔的修缮费用。

对房主——在这个房子里居住了25年的购房者家庭——来说，25年后的世界将会如何也是一个巨大的未知数。而他们的房子大概率会从高档物业变成一般物业，甚至次等物业。

按照不动产行业的基本原理，一个房子的价值大部分建立在硬件的品质上（大概占房屋总价值的四分之三）。可以想见，过去了25年，硬件的价值还能保留多少。毫不夸张地说，随着房屋硬件质量在不断劣化，其价值恐怕还不及当初的一半。

这就意味着，如果纯粹从投资保值（增值）的角度看，25年后的房屋无法维持原价（当初的购入价），甚至是有可能跌到原价一半的投资标的，照理是不会有人买的。

那么，你是否想过一个问题：你用几十年偿还巨债买下这套无价值甚至负价值的房子，最后到底便宜了谁？

地产商、建筑承包商、能得到大把房产税的地方自治体、能获取大量利息收入的银行……所谓"买房保值"的常识就是由它们一手炮制的。因为这么做符合它们各自的利益。

问题是，你应该怎么想，怎么做呢？

你是继续在不知不觉中被这些所谓的常识所蛊惑、所裹挟，还是奋力保持清醒，勇敢地挣脱这些思维的束缚，另辟蹊径去杀出一条血路来？

· **"我想买房！……"别急，先问问自己为什么要这样做，理由是什么**

尽管一本正经地说了许多买房的坏话，我还是要承认，我自己也花钱买地，建了自己的房子。

事实上，我自己也买了房。当然，买房是在深思熟虑的基础上。

顺便说一句，我本人依然是铁杆租房派，而妻子则和我完全相反，是一个地地道道的铁杆买房派。

很早以前我便有一个想法，一家人租住在高层住宅楼里，用工作赚的钱投资一个旺铺收租金，做一个优哉游哉的包租公。

事实上，我自从娶妻生子之后，我们一家人也确实长期租住在大阪市内某高层住宅楼第33层的一个物业中。

由于创业成功，我终于挣到人生中的第一桶金，实现了亿元小目标，便琢磨着将"旺铺计划"付诸实施。可是当我就这个话题跟妻子商量时，妻子却对我说："孩子也快上小学了，咱们还是盖一个自家住的房子吧！"

说起来，我们两口子都是那位创业导师的学生，自有住房不能生钱的逻辑我们都懂。但既然妻子还是想拥有自己的家，还是想要那份踏实感、安全感，我没有理由不去满足她，就当房子是送给她的礼物好了。

我父亲曾经开过私营建筑师事务所，是个职业建筑师。我们把设计房子的任务交给了他，他也爽快地答应了。

我们既然要下血本自己盖房子，肯定要做到彻底满意，所以这地下室是必不可少的。

地下一层、地上三层，再加上屋顶露台，这幢房子连土地带建设费用总共花了我2亿日元。

地下室的面积是35畳①，设计成了酒吧，可以呼朋唤友来聚会。投影机、镜面球状灯饰、干冰制雾机等各类夜店装置也是一应俱全。

地上一层的设计也很讲究。进入玄关后，映入眼帘的是一个漂亮

---

① 1畳约合1.62平方米，此处约57平方米。——译者注

的玻璃墙面停车室。家里的两辆爱车停在里面，像展厅内的陈列品一样，格外气派和雅致。

浴室和更衣间也在地上一层，后者安装了高档空调设备，确保室内的温度与湿度适宜。

地上二层有50叠（约合81平方米）的寝室（含单独卫生间）、餐厅和厨房，另外还有专门的家务室和妻子专用的盥洗室。

每天清晨，在宽敞的开放式厨房中，妻子为我们一家人烹制美味的料理。

地上三层共有五间屋子，分别是：一间孩子的寝室，孩子的作业室、游戏室各一间，一间书房和一间收纳室。

最后是屋顶的空间，面积总共50叠左右，设有沙发、长桌和凉台。闲暇时，我们可以在那里搞个烧烤聚会或者漂竹拉面聚会①。

为了盖这个房子，我大概从银行贷了7000万日元的款。由于只用区区5年便还清了这笔贷款，我们的利息支出几乎可以忽略不计。

我的房子确实不是"能下金蛋的鸡"，可老婆孩子高兴，父母亲友也满意，这就是我做这件事情的理由和价值。

换言之，我做这件事情是刚需，并没有丝毫理财的动机。这就意味着，即便几十年后我把这套房子折价卖掉，对我来说也一点都不亏，因为我已经实现了自己的目的。

即便盖这座房子是出于老婆孩子的需要、孝敬父母的动机，我也是在赚到人生第一桶金，即成功实现了一个亿的小目标之后才做的这

---

① 把一根碗口粗、五米左右长的竹子从中间劈开，然后架起一个坡度，将煮好的拉面用清水从竹子的一端冲刷至另一端，使拉面沾染上竹子的清香，拉面吃起来格外润滑爽口。——译者注

件事。更何况，我是在买房前经过周密计算，确定房贷的利息支出几乎为零后才下定决心的。

同样的道理，如果对你而言，买房是一件无论如何也要做的事，那么请务必在付诸行动前冷静地考虑一下：我为什么要买房？我的真正目的是什么？这样做到底值不值？

你在此基础上再做决定为好。

现在，我依然是一个铁杆租房派，这一点从未变过。只不过，我认为如果符合以下两个条件，买房也可以是一个选项：其一，存在刚需；其二，能够像我一样在短期内还清贷款，从而最大限度地压低利息支出；其三，能将土地和房屋的产权一次性拿下，以绝后患。

换言之，买房是为了住，而不是为了投资。房子的资产性远不如你想象得那么高。这一点务必要有清醒的认识。

现在这个时代，"上班族"这个词已经过时了

学生时代的我们几乎都受过"将来要做一个对社会有用的人"的教育。

那么，你是否听说过"自主创业的人里90％都熬不过5年"这样的话？

我不知道这个数据是从哪里来的，或者是否真实。可无论怎么说，多数人看到这个数据后恐怕都会认为创业是一件特别危险的事，不值得尝试。

这个道理现如今连小孩子都懂。

创业的人一旦失败，就会彻底失去饭碗、失去工作，不得不过悲惨的日子——这样的印象是如此深入人心，以至于大多数人对"创业"二字望而生畏。

由此可见，在踏踏实实的公司做个踏踏实实的上班族才是唯一的

正道，这个常识早已深入人心且牢不可破。

就拿我个人来说，尽管现在过着自由而充实的自主创业生活，但在读到《富爸爸穷爸爸》并遇到创业导师之前，我也从未想过创业这码事。对当时的我来说，创业离我实在是太远了，远到这种事只能在另外一个世界发生。

那时的我也被常识锁得死死的，满脑袋想的全都是以上班族的身份过完一生。

其实，即便遇到那位创业恩师——头一次知道自主创业也可以是一个选项之后，我依然忐忑，问过恩师这样的问题："创业是不是太危险了？这种风险的后果普通人能承受得了吗？"

对方的回答也很直接："中野君现在打工的那家公司也在和许多客户做生意吧？也就是说，你们公司也是建立在某种生意基础上的企业吧？同样的道理，你们公司也不是从地底下冒出来的，也是由某个人创立的吧？既然如此，按照中野君的逻辑，你们公司现在这么大，岂不是也很危险？为什么你还要去那里上班，甚至打算在那里终老呢？"

听了这些话，我恍然大悟。

十余年后，导师的一席话却不幸一语成谶：那家世界级的大公司——我的老东家由于经营不善濒临破产，被外资收购。接着，那里大规模整改、大规模裁员……

假设我没有走创业的路，在公司风云突变时依然老老实实地做着上班族，我的命运又会如何呢？

如果中年惨被解雇，携家带口的我上有老下有小，将如何面对今后的生活，简直不敢想象……

"没事，倒霉的是别的企业，我们公司绝对没问题！" ——认为只有自己是幸运儿的心理，你有没有？

你真的发自内心地认为自己的公司绝对安全吗？你对这种安全感真的有绝对的自信吗？如果答案是肯定的，那么，你的自信到底从何而来？

权威数据显示，现如今的世界，民营公司的平均寿命已经从30年锐减至20年，而且这种急剧下降的趋势依然没有停止。

不只中小企业，大企业也是如此。

以美国为例。据说美国规模较大的500家企业，每15年就会有一半消失。其汰旧换新速度令人惊讶。

康柏公司、柯达公司、无线电公司、电路城公司、百视达公司、博德斯公司、宝丽来公司……如果你的年纪在30岁以上，你对这些公司的名字想必不会陌生。这些都是曾经名震世界的美国超级公司，如今却消失得无影无踪，几乎无人提起。

对于这个事实，你有什么感想？

显然，别说那些初创企业，即便是老牌企业、曾经取得辉煌成功和业绩的企业，其生命周期也越发短暂，随时都会遇到生存的威胁。

在日本，即便没有破产，由于经营不善而不得不进行大规模整改、裁员的企业也是越来越多。甚至可以说，越是那些世界级企业，越是那些被大众认为"饭碗很稳固"的大企业、知名企业，它们越有条件和资源随时进行大胆的裁员整改。

以日本著名企业夏普公司为例，在被收购之后，这家公司立马解雇了3200多名员工。坊间传言，另有7000名员工的岗位不保。可即便如此，其重建工程依然困难重重，侥幸保住工作的员工也可谓前途未卜。

东芝——这家历史悠久、举世闻名的电子行业巨头在曝出会计丑闻之后，企业形象一落千丈，经营举步维艰。无奈之下，通过采取裁员、提前退休等措施，东芝已在国内外一口气裁减了7800多名员工。

夏普、东芝绝非个例。业务遍及世界60多个国家的横河电机、日立建机、田边三菱制药等大型跨国公司（均为上市企业）也相继步其后尘，推出各自的裁员和提前退休政策。这些企业纷纷刀口向内，大动作切割冗余、瘦身减负，试图东山再起。

还有一家在日本妇孺皆知的大企业，据说也成立了一个专职部门——对外的正式名称是"员工职业开发室"，其实就是所谓的裁员行政办公室。只要员工被送到这里，他的结局便基本注定——失去工作，得到少许额外的退休金，然后被推荐给某家劳务中介机构。

据日本政府公开发表的数据，在1999—2015年的16年间，日本民营企业解雇了总计8万名以上的正式员工。

我个人对这个数据的真实性不无怀疑，但有一点是可以肯定的，这8万多名日本上班族中的大多数是在近些年被淘汰出局的。

换言之，这一过程并不是匀速前进，而是加速前进。

事实上，仅在2017年这一年，日本三大主力银行已正式公布或已经操作完毕的裁员规模就高达32500人之多。

可见，越是大企业，其自我保护的能力与意识越强，员工对这些企业来说也越不重要，是分分钟可以被淘汰、被牺牲的对象。

你依然认为在大企业就职是一个颇具安全感的人生选择吗？

·与其坐别人的船，不如自己造艘船出来

我们的人生就像一场乘船出海的旅行。

从前，我们只要坐上那艘最大、最气派的巨轮，便可以把心放在肚子里睡大觉，因为你相信这艘船一定会稳稳地把你送到目的地。

诚然，从前也许确会如此。

但时过境迁，现如今这片大海上已不存在永不沉没的船，哪怕是超级巨轮。甚至毫不夸张地说，正因为是超级巨轮，它们或不堪重负，或撞上冰山，成为泰坦尼克号的概率更高。

既然海上已没有完全安全的船，你为什么不自建一个小作坊，自己掌握扁舟的制作工艺，自己控制命运之舟呢？

你难道不认为这种做法的安全度会更高一些吗？毕竟那些船是你亲手所造，其性能、质量你心中有数，这难道不是安全感吗？

即便不幸沉掉了几艘小船，你只要没淹死，就还能重返岸上。你吸取经验教训改进工艺，再造出更新、更好、更多的小船，不但可以自己用，还可以卖给或借给他人用，从而造福更多的人。

反之，那些只愿坐大船而不会做小船的人，当大船一旦沉没，又没有小船救生，其结局可想而知了。

归根结底，将命运托付给别人和把命运掌握在自己手里，两者之间有天壤之别。特别是遇到大灾大难时，情况更是如此。

常识大概是这样：好好学习就能考个好大学，考上好大学就能找个好工作，而所谓的好工作，就是那些大企业、著名企业的职位，即

大船、巨轮里的座位。如此这般，一个人这辈子便有保障了，可以放心地把自己的一辈子托付给这里了。

对某些女性来说，大船也许还意味着好男人、金龟婿——好好学习取得高学历，进入知名企业当金领，其结果竟然只是为自己的征婚广告贴金。这是一种严重的时间浪费、价值浪费和社会资源浪费，实在太可惜了。

幸好你不在此列。

你是一个真正的聪明人，真正有智慧的读者，你早已明白了一个事实，那就是"时代不同了，观念必须变"。

如今这个时代已经没有"企业中心社会"一说，现在的主流是"个人中心社会"。作为一个现代人，你必须适应这个时代潮流，否则大概率会在某个时间点被这股历史大潮所吞没。

从今往后的日本，企业小型化、员工人数减少的趋势将越发明显。

不过，在现今的日本社会，上班族所占的比例依然超过九成，所以离职创业的大众化风潮并没有真正形成，人们的思想观念依然相对保守，人们依旧被各种常识所束缚、裹挟。

话又说回来，在半个多世纪前的战后初期，即20世纪50年代，日本的上班族只有区区三到五成。其后的昭和繁荣时代（20世纪60—80年代），包括自己开店的小业主在内，自营业者的比例也一直比上班族高。

换言之，"工作=上班族"成为所谓的常识，也就是这几十年的事情。

当然，如果把历史的时间轴转到战前，日本的上班族则更是稀罕物。那时的日本人几乎个个都做着自己的一摊生意，满大街都是小老板，社会上罕见对"成为上班族"的憧憬情绪。

或许在几十年后的日本，"上班族"这个词会过时。那时，人们在公司上班是反常的、随机的、应付性的行为，而自营业才是正常的、固定的、持续性的行为。

显然，这将是一个翻天覆地的变化。

对于世界的变化，必须未卜先知，提前出手

2020年之后的世界，将是一个天翻地覆的世界。

这个新常识已经被世界上越来越多的人所认知、所认同。

·今后的世界将如何变化

迄今为止，日本人早已习惯的职场年功序列（论资排辈、论辈取酬）制将逐渐被废弃，取而代之的将是崭新的用实力说话的制度。

那些被称为僵尸企业，长期靠政府和银行的救济勉强混日子的旧体制下的大企业、大公司，最终将迎来彻底清算、完全破产的时刻。

建筑、物流、农林水产、大众媒体等行业将是这类代表。这一点已逐渐成为广泛的社会共识。

那么，代表新时代、新体制、新形态的行业又是什么呢？

机器人、人工智能（AI）、大数据、物联网等代表第四次产业革命的新行业将脱颖而出，势不可当。那时，你我身边的几乎所有机器设备都将网络化，实现真正意义上的无人化、自动化，也就是所谓的智能化。

这就意味着，曾经必须人工操作的事物将能够完全托付给机器去做，而且机器做得比人类更好、更多、更快、更准确。

这样的好处是，世界会更进步，人类会得到更多福祉；坏处是，那些墨守成规、不能与时俱进的人将会被无情地淘汰出局。

人类的消费行为也会发生巨变。

由于你的所有消费数据和生活习惯都被业者所掌握，当你发现自己的某种日用品已经用完时，你身边的AI设备早已将数据传递出去，替你订好了货；一架载货无人机会飞到你的窗前，将其送到你的手里。

这样的生活场景将不再是科幻电影里的特效画面，而是在你的现实生活中真实出现。

随着5G技术的普及，数据传输的延迟时间将低于0.1秒——意味着我们这个世界将彻底进入"万物互联"的时代。

由此，只存在于科幻电影中的"3D全息影像"系统将在现实世界现身，它能够瞬间将远隔千里的两个人置于同一场所，让人们进行面对面的交谈，仿佛对方就在自己的眼前一样。

既然如此，去公司上班也就没有必要了，因为工作场所的限制已被新科技彻底清除——无论公司里的员工身处何地，公司随时可以利用3D全息影像技术将所有人聚到一起。

上班的本质或许不会改变，其形式却会发生翻天覆地的变化——早上起床后不必梳洗打扮，不必出一身臭汗挤公交、地铁去公司上班了。对广大打工人来说，这个事情更有意义，绝非一件小事。

可见，随之而来的将是职场文化的一系列巨大改变。对此，你是否有足够的心理准备？

除职场外，新科技带来的巨变也将广泛地出现在其他领域。

比如医疗领域。远程手术将成为可能。你在日本的病床上躺着，给你动手术的名医却身在美国。这种事情将不再稀罕，而是成为日常风景、家常便饭。

由于病人能够更自由地选择为其看病的医生（范围甚至可以延伸至全世界），从前靠信息不对称，靠地利、人脉或其他既得权益赚得盆满钵满、过着舒心日子的医生将会迎来激烈的竞争，意识到谋生的不易。只有那些真正有实力的医院和医生才能真正生存下来，并获得极高的人气。

这就是所谓的"头部集中效应"。该现象不只会发生在医生身上，也会发生在其他行业的从业者身上。

技术的进步也将改变"失能老人"和"残障者"的定义。

随着人工智能和机械臂技术的发展，性能极高、功能极强的假肢和假眼的面世将极大地改变残疾人的处境，让他们与身体健全的正常人无异，可以自由自在地过普通人的日子。不夸张地说，到了那时，人们恐怕都会忘记残疾人的存在。除了残疾人本人，没有人会意识到谁有残疾。

新技术的出现还将极大地造福那些肌体萎缩、脊骨衰弱、行动不便的老人。也许一身的电子赋能装备就能让他们健步如飞，不输少年。

即便脱下这身高科技套装，老人们也不愁没有生活保障。看护机器人的普及能让他们的特殊需求随时随地得到满足，其生活品质依然与年轻人无异。

只不过，日本人的另一个常识将被颠覆，这一常识是：护理这件事只能由年轻人，特别是年轻女性去做。

类似的例子还有很多。

比如，随着无人驾驶技术的成熟与普及，驾驶席将从汽车的车体中消失。那时，汽车的内部空间会像一个小型客厅，人们坐在客厅的沙发上或看电视打发时间，或聊天谈笑。在极度舒适的氛围中，人们不知不觉便到了目的地。

当然，这样的改变带来的不只美好，对出租车、公交车以及地铁司机而言，它意味着失业，至少是转岗。

由于私家车不再必要，高层建筑的地下停车场可能也会消失。据说在现今的美国，有许多新建的高层建筑就已经取消了地下停车场。

对女性来说，新时代的到来总体而言会是一个巨大的福音。

2016年4月，众望所归的《女性活跃推进法》在日本全面施行。受此影响，"只有女性能够发光发热的职场才会有真正光明的前途"的风潮迅速在全日本流行，极大地改变了女性的处境，为她们未来的职业发展开辟了光明前景。

迄今为止，日本社会过于偏向男性，令广大女性蜷于一隅，难以施展拳脚、绽放才华。女性边缘化的文化大大压制了日本的发展潜力，客观上助推了日本经济长期不景气的状况。

人口的一半没有得到充分利用，国家如何能发展起来呢？

所以，从偏向男性变为男女平衡，无论从哪个意义上来讲，这都是日本社会的当务之急，也必将成为新时代的主旋律。

总之，新时代的到来将从根本上改变人们的生活和职业形态。

在这股时代大潮中，传统的雇佣与被雇佣方式将迎来其发展极限。"人数少、规模小"趋势的大流行将催生愈来愈多的自营业主，即各行各业的小老板。

爱贝克思公司的老板松浦胜人说："'雇佣'是有边界的，人们迟早会向个人事业主发展，工作采取'项目合同制'。"

换言之，企业内部的员工也应分散开来，各自领项目去做。公司只需与员工签署项目合同，大家照章办事即可，不再存在传统意义上的上班、出勤一说。每个人仿佛都有一家小公司，都是一个小老板，都在做着各种各样的小项目。员工与公司将是子公司与母公司的关系。后者是前者的客户而已。当然，这些分散开来、各自独立的小公司也会彼此进行项目合作，在一定程度上再现从前的职场风景，只不过无论从形式上还是本质上，此职场已非彼职场罢了。

其实，正规公司之间进行项目合作也是稀松平常的事情，更何况是同事之间的合作。

被誉为"未来预测领域第一人"的伦敦商学院著名教授琳达·格拉顿曾说过："2025年的日本社会将出现'上班族'与'自营业主'势均力敌、互相配合、两极分化的局面，从而形成一种崭新的社会结构。"

如此这般，世间的常识正在迅速变化。

面对变化，你又是一个什么样的人？是奋力跟进的人？遗憾错失的人？还是未卜先知、提前出手的人？

"能够活下来的人，不是那个最聪明的人，也不是那个最强大的人，而是那个能够甚至擅于捕捉、适应乃至驾驭变化的人。只有那个人是能够活下来的人。"

你知道这句话是谁说的吗？

查尔斯·罗伯特·达尔文——进化论的奠基人。而进化论的理论核心就是"物竞天择，适者生存"。

THREE

致富方法1

你现在的时薪是多少？

自从步入社会，你是否曾经认真计算过自己的时薪（小时工资）？

如果我没猜错，你恐怕关心的只是月薪，从未想过时薪是怎么回事。

既然如此，你不妨和我一起算算一个打工人真实的时薪。这件事很有意义，因为它和一个人的工作方式有关。

首先，第一个问题：你平常每天用于工作的时间是多少？

注意，我这里说的是"用于工作的时间"而不是"工作时间"。这就意味着，从你早上走出家门去上班，到晚上下班后走进家门，包括挤公交、地铁的时间，路上塞车的时间，处理交通事故的时间，等等，这个完整过程所消耗的时间总量是多少。换言之，这段时间完全被上班这件事所占用，不是你可以自由支配的时间，因此必须全部被考虑在内。

第二个问题：你每个月大概要上几天班？

第三个问题：你每个月能拿到手的工资，即税后净收入大概有多少？

月收入÷总时间=时薪。也就是说，把上述问题一和问题二的答案相乘，然后再除问题三的答案，就是你现在得到的时薪。

顺便说一句，在几年前当打工人时，我还真的尝试过计算时薪。

那时的我每天早上6点半出门，7点到公司，工作到深夜12点，晚上到家时已过12点半。这就意味着，我每天用于工作的时间长达18小时之多。

我每周休息两天，每月实际出勤约23天。

18小时×23天=414小时

当时，我每月的税后净收入大概是20万日元，所以：

20万日元÷414小时=483日元

这就是我的时薪。

当这个数字摆在我面前时，我自己都惊呆了。

我犹记得当年创业导师曾说过的一句话："**收入是这个世界给予每个人的通信录，上面写满与你有关的重要信息。**"

从此意义上讲，我的通信录可谓差到极点。

那么，你的通信录又如何呢？

上面记录的信息，你是否真正读懂，是否真正读过呢？

据说，年轻的职业运动员在自身的事业上升期乃至黄金期，会坚持让所属俱乐部每一年为其涨薪。之所以这样做，他并不完全是为了钱，而是为了一个信号、一个证明，即他的职业生涯每年都有新长进、新成就、新价值。只有证明了这一点，他才能获得继续成长、继续提升人生价值的动力。这个事情对他们来说有至关重要的意义。

·这份工作即便没工资，你也能坚持下去吗？

我不记得我在当上班族的时候曾考虑过"每年都要提升自身价值，每年都要力争工资上涨"这种事。

那时的我把所有精力都倾注在眼前的工作上，每天都过得很充实，很有成就感。于是，我以为自己是出于真心喜欢这个工作才会每天专注于它，并享受这个专注的过程。

现在的你也许和当年的我一样，因为喜欢一份工作，因为有成就感，并很享受这份成就感，所以才会每天不知疲倦地继续着这份工作。

那么，现在问题来了。

假设你现在就职的这家公司由于经营不善而发不出工资，你还能继续干下去吗？你会因为喜欢，因为有成就感，所以即便没钱也心甘情愿地干吗？

无论你的回答是什么，我自己是无论如何也说不出"是的"这个词的。

如果你和我不同，能够说出"是的"，哪怕是咬着牙、跺着脚说出来的，你对这份工作肯定是真爱。不过，我承认，如果拿不到钱就不工作，这确实意味着干工作就是为了钱。

"人可以纯粹为喜欢、为热爱而工作！"这句话听起来确实有些道理，不过仔细想想却会发现这种说教是站着说话不腰疼。如果你还有其他副业，有其他收入来源，而且这份收入足以维持基本的生活水平，或者你已经在银行里存下足够的钱，足以令你没有任何后顾之忧，那么你确实能对金钱不管不顾，纯粹凭着热爱去做一份工作。可问题是，你如果没有这些条件，天天饿着肚子却还在空谈喜欢与热爱，那么你大概率是在撒谎，至少是自欺欺人。

同样的道理，"既然做了这份工作，就必须培养纯粹的热爱"或者"至少有可能对正在做的工作培养出纯粹的热爱"这类说教也几乎与欺骗无异。如果失去这份工作，你将彻底丢掉饭碗，只能上街要饭或者去翻垃圾箱，那么你的那份热爱就永远不可能太纯粹，永远会有钱的影子。

无论多么热爱一份工作，你也不大可能将金钱这一要素彻底切割。当然，你也完全没有必要这样做。

正如前面提到的那样，你如果一边在公司上班，一边还经营着某个生意、某项副业，有正规薪水以外的收入，那么也许你就有资格拍着胸脯对别人说："因为在外面还有一摊自己的生意，我即便不来公司上班，也不差钱。我选择留在公司，完全是因为喜欢这份工作！"

这时，你对这份工作的热爱是纯粹的，不涉及金钱，这或许还有那么一点说服力。

空前的"跨界时代"：如今，人人有"副业"

我偶尔会听到有人这么说："我们公司严格禁止员工做副业。"

那么，你是否曾听说过一个消息，日本政府公开奖励国民从事副业经营呢？

2018年，厚生劳动省修改了沿用多年的老版《规范就业法则》，将其中的"未经许可，不应从事其他公司的一切业务"这一条删去，改成了"所有劳动者均可在日常正规勤务时间以外（8小时以外），从事任何其他公司的业务"。

一言以蔽之：这件事是国家率先发起的。在国家的大力推广下，副业、兼职这些新形态、新事物必会成为一股不可遏止的历史潮流。

·政府鼓励副业发展的四个理由

政府如此在意国民的副业和兼职，有如下四个理由：

第一，解决人手不足的问题。

众所周知，日本的少子化和高龄化非常严重，已经深刻地影响到了日本的就业市场，造成人手不足的问题。

在这种情况下，所有国民、所有上班族被牢牢地拴在一家公司里动弹不得，那么随着高龄化社会的到来，人手不足的问题只会更严重。于是，政府只能痛下决心，开始鼓励广大上班族积极从事副业和兼职，并在制度层面为其打好基础。

第二，一种增税的对策。

众所周知，日本的财政状况已极度恶化，债务堆积如山，且这种势头依然没有任何减缓的迹象。如果国民的收入不再增长，国家的税源也将越发没有保障。长期以来，政府心心念念的就是这个问题。政府通过大力推广及奖励国民从事副业和兼职，让经济活性化、税源多元化、纳税负担轻简化，这便有利于政府拓宽税路，增加税收。人们的收入高了，负担轻了，其缴税意识也会有所提高，政府也能收到更多税款。

第三，解决年金的问题。

人们对老后的生活分外担心。这件事情已不是什么秘密。

之所以这样，与日本的少子化和高龄化以及巨额债务有关。这些因素意味着国家的养老资金池将越来越小、水位越来越低，直至彻底枯竭。换言之，"越晚退休，能够拿到手的年金便越少"已在日本社会形成广泛共识并引发极大不安。于是，日本政府通过修改法规向国民发出强烈信号："多做副业，多挣钱，多存款，对你的老年生活大有裨益。"

人心稳定了，社会才能安定。对此，政府心知肚明。

第四，提升每一个国民的生产力，有利于强化综合国力。

如果每一个人都能拥有一个或多个副业，日本的国民将最大限度地拓宽职业经验的范围，提升职业经验的品质。国民个人的潜在生产力将得到开发与释放。个人的生产力提高了，国家的综合国力也将提高。这对日趋激烈的全球化竞争而言是一个重要的有利因素，能够切实帮助日本提升自己在全球经济中的价值。

顺便说一句，与中美两国相比，日本的创业文化处于绝对劣势，创业者的数量不足，而这一点与日本经济的长期停滞有关。通过政府大力推广副业和创业，鼓励国民利用一切机会、一切闲暇时间从商，也许在不久的将来，日本也能出现像乔布斯或者马云这样的人。

显然，这也是政府的考虑之一。

·企业鼓励副业发展的两个理由

以上四点，是政府（即国家）鼓励国民做副业的理由。其实，企业方面也有强烈的动机鼓励员工这么做。

之所以会这样，主要有两方面的理由：

第一，为了避免员工的家庭生活出现窘境甚至危机。

与几十年前日本企业的全盛期不同，现在的日本企业几乎很难养活员工一辈子，也很难保障其家庭开支[①]。

这个理由有些负面，它往往存在于大型公司的生产工厂等职场中。由于企业的业绩下滑，劳动者的薪水被大幅削减，企业只能向劳动者释放"自力更生"的信息：你如果觉得只靠公司给的这点死工资生活有困难，那么不妨在8小时之外做点生意，用自己的双手保障自己的生活。

迄今为止，许多日本的大企业开始往这个思路上转型。比如日产汽车公司、三菱汽车公司、佳能公司、普利司通公司、日本电装公司、花王公司、丰田汽车公司、三菱化学公司、东芝公司、富士通公司等，都是这方面的先行者和倡导者。

第二，为了防止优秀人才的流失。

这个理由颇为正面，它是企业主动挽留或者招揽人才的招数。

越是优秀的人才，越有可能接到各种来自公司外部的项目邀请。绕过公司直接找上门的项目，优秀人才碰到的格外多。

在这种情况下，公司如果还坚持"禁止挣外快"的规矩，那么优秀人才难免萌生去意。这就会让那些更有魅力、自由度更高的企业钻空子，趁机大量撬走自己公司的优秀人才。这是典型的"人才培训学校"式的做法，等于为他人做了嫁衣：这些人才是公司耗费大量时间、精力和金钱，投入大量资源才好不容易培养起来的骨干，当其终于能为公司创收的时候却被别人挖走，岂不是当了冤大头？

对任何一家公司来说，这种事情的发生都是不能容忍的，是一个

---

① 日本女性婚后大多会辞职，专心当家庭主妇。此时，日本男性上班族要用一个人的工资养活全家。——译者注

巨大的风险。既然如此，公司不如因势利导，顺手送个人情，允许内部的精英接一些私活，发一些外财。

不少内外资大企业开始有这个思路。Enfactory公司、才望子公司、利库路德公司、Mercari网站①、埃森哲咨询公司、雅虎日本公司、谷歌日本公司、CrowdWorks公司②、领英日本公司、软银公司、微软日本公司、蜜秀网、乐敦制药集团、尤妮佳公司、联想日本公司等，都是这方面极具代表性的企业。

·想靠自己的力量发点小财？你有那个技能和环境吗？

Enfactory公司甚至使出了终极杀手锏，即所谓的专业禁止令——禁止员工只从事本公司内部业务。员工只做本公司内部业务意味着该员工的无能或失能，违背了公司的宗旨。

反之，公司通过鼓励员工发外财，能够最大限度地激发员工的野心，刺激员工的欲望，培养员工的企业家精神，提高员工的创业技巧，从而高效且快速地培养卓越的人才。这对公司业务的发展也大有裨益，是典型的双赢。

该公司老板加藤健太说："如今这年头，老板要求员工对公司忠贞不贰、鞠躬尽瘁是不现实的。你对员工提这种要求，可曾想过代价是什么？可曾想过万一出点什么事，你自己是否能够承受？

"当然，也许你会说，要求员工忠贞并不代表着公司也要付出代

---

① 日本二手交易网站。中文名为煤炉。——编者注
② 日本大型众包平台。——编者注

价。问题在于，员工内心会有一种期待，会这么认为——我付出了忠贞，公司要无条件地捍卫我的职业安全和生活稳定。

"这就是所谓的心灵契约。这个契约一旦被破坏，后果不堪设想，公司内部长期培养的企业文化和起码的信任氛围将瞬间崩塌，从而令公司的生产力和竞争力遭受系统性重创。

"遗憾的是，背叛确实发生了。2008年次贷危机爆发时，无数日本企业大肆裁员，背叛了自己与员工的契约，彻底颠覆了旧有的日本企业体制和日企文化特质。在一片信任崩塌的哀嚎中，不少企业开始另辟蹊径，放开对员工从事副业的限制。

"显然，如今这个年代，企业已经无法继续向员工做出'只要忠贞不贰，便可衣食无忧'的保证。这是一个充满不确定性的时代。对每个员工而言，无论是人生还是职场，与其依赖他人，不如依靠自己。**这是一个主动选择的时代，被动选择已无太大的空间**。换言之，主动选择对每个人来说必将成为一个最基本的生存技能。

"顺便说一句，坦诚的态度更有利于博取员工的信任，更有利于重构与员工之间的信赖关系。当然，与从前相比，这将是一种新型信赖关系。一旦有了这种新型信赖关系，公司的生产力和竞争力都会恢复，甚至提升。不谦虚地说，这也正是本公司多年实践的成果。"

雅虎日本公司也放开了相关限制，据说从事副业的员工已有数百人之多。该公司的高管汤川高康说："公司不可能照顾员工一辈子，能对员工担负的责任是有限的。这一点必须达成新的内部共识。从员工的角度来讲，他们也必须积累许多'个人'经验，为自己的未来做好准备。而公司方面需要做的事情，就是为此创造环境。"

如此这般，世间已生巨变。

在无法预知的未来，在这充满不确定性的时代，如果除公司薪水之外再无其他收入来源，你难道不觉得风险太大了吗？

如果"雷曼时刻①""3·11"海啸这样的经济金融危机抑或自然灾害再度来袭，那么一如往常，社会经济活动将再度骤然停止，人们的收入也会再次蒙受重创，随之而来的，将是企业破产潮的再度到来……

如果此时，你自己以及家人的收入来源依然只有一个，生活支柱依然仅有一根的话，风险之大不可估量。

常言道："吃一堑，长一智。"

可问题是，"好了伤疤忘了疼"是人类的本性。即便经受过无数次教训，哪怕包括"雷曼时刻"与"3·11"海啸那种级别的教训，人类也始终无法挣脱惯性的力量和常识的束缚，依然不愿抑或懒得摘掉脖子上的绳索。

这实在是令人唏嘘不已！

举个我自己的例子。

前面提到过，我的个人创业史开始于我的上班族时代。也就是说，那时的我也是一边在公司上班，一边利用周末时间做自己的生意，即所谓的周末创业模式。

坦白说，彼时，公司的就业规则我一次也没看过。我没有兴趣看，

---

① 美国著名投资银行雷曼兄弟倒闭事件被公众认为是引发2008年次贷危机的导火索。——译者注

也觉得没有必要。无论那些规则上是否有禁止搞副业的条款，我都觉得无所谓，不妨碍自己正在做的事。毕竟公司的工作我一点没耽误，我利用的是自己8小时之外的时间，也就是自己可以合法使用的私人时间，因此，我不觉得周末创业这件事有任何不妥。

某天下班后，我与同事出去喝酒，借着酒劲透露了自己为了创业正在导师的私塾里学习的事，然后，我看到了同事"见到外星人"的眼光。我们之间有了下面的一段对话：

同事："你说什么？自己创业？别逗了，就凭你？听我劝，哥们儿，赶紧放弃，回头是岸！你不可能成功的，别到时候连哭都来不及！"

我："瞧你说的！哪有那么严重啊！我又没想立马辞职，只不过利用周末两天做点事罢了。没那么严重！"

同事："是吗？你小子居然周末都不休息，还在学习，了不起！这事要是搁我身上，我绝对趴下了！你想啊，咱们天天在公司上十几小时的班，好不容易熬到了周六日，可以在家休息，那还不得赖在床上睡个昏天黑地？"

当然，我这个同事的周末生活肯定不止睡觉这一件事。除了蒙头大睡，休闲放松也少不了。但对他而言，用周末时间学习和创业，理解起来都有些困难，更别提模仿了。

再加上种种常识的束缚与影响，他看我的眼光好像看外星人一般，也便可以理解了。

说实话，包括这位同事在内，当时所有知道我利用周末创业的人，无一例外都表达了极为激烈的反对意见。坦白说，这样的意见确实曾经让我承受过极大的压力，产生过动摇的情绪。好在我没有放弃，我还是咬牙坚持了下来。我实在太想用自己的双手掌控甚至改变人生了。对我来说，我除了坚持，别无选择。终于，我迎来了春暖花开的那一天，终于迎来了人生的转折点——我用自己的双手扼住了命运的咽喉，改变了命运的走向。

那位曾经在酒桌上揶揄过我的同事现在光景如何，我不得而知。可有一点是确定无疑的，我在前面也提到过几次，那就是我们当初一起工作的那家公司因为经营不善，濒临破产而被外资收购，并进行了大规模的裁员整顿，让许多员工（包括老资格员工）丢掉了饭碗。他们不得不离开为之打拼了半辈子的地方，失去了唯一的经济来源。

但愿那位酒桌上的同事能够一切安好！

公司职员如此，那么，公务员又如何呢？

他们的情况也不乐观。曾被誉为"铁饭碗""金饭碗"的公务员岗位，如今也没有那么安稳了。政府财源不足，赤字高企，债务堆积如山，让公务员不再可能继续憧憬一个永远安全、安稳的工作和生活环境。

在此背景下，解禁副业、兼职，让劳动者增加收入来源以弥补社会保障费的不足，已是一种时代潮流。政府机构的公务员岗位也不可能免遭冲击，成为唯一的例外。

换言之，无论是民间公司的员工，还是政府部门的公务员，如果不开放他们自力更生、自主创业的渠道，他们未来将无法维持目前的生活水准。这一点每个人都心知肚明。

事实上，按照目前的规则，公务员做副业和兼职，相关明文规定的条款也只是限制而已，并没有出现"禁止"的字眼。

我估计，即便有限制，它也会在不久的将来被取消。

这是大势所趋。而那个时候，你将面临的问题是：想发点外财，你有那个技术和环境吗？**你有那个本事吗？**

致富方法3

年收入3000万日元之前，必须锁定一个目标、一门生意，不能三心二意

"中野君，你未来的愿景是什么？"

这是初见创业导师时，我被导师问到的第一个问题。

当时的我不假思索："在目前的公司努力拼搏，出人头地，涨薪升职！"

好一个标准答案。而这也确实是我当时的真实想法，就跟绝大多数上班族一样。毕竟，这是牢不可破的职场乃至社会常识。

于是，导师又继续发问："你说的这个是职场愿景吧？可我想知道的是你的人生愿景。你对人生有什么想法？想要一个什么样的人生，什么样的活法呢？"

这一回，我语塞了。我不知该如何回答，因为确实从未考虑过这个问题。什么"活法"，什么"人生价值"，这些晦涩的概念对当时

的我来说都太陌生，甚至连考虑的动机都无法产生。

我唯一所想的就是过一个符合常识的人生：找一个好公司、一个好工作；努力打拼，尽量混个一官半职，尽量多拿点工资；在那家公司干一辈子，退休时拿到不错的养老金，安度晚年，终此一生。

除此之外，我别无其他想法。何谓人生的目的地，对我而言，这完全不会被考虑。

·先确定一座你想爬的山，然后去找一个靠谱的向导

当你决定去旅行的时候，你要做的第一件事是什么？

是确定一个明确的目的地吗？

你要先确定去哪里，再谈其他环节，诸如怎么去（花多少钱，用什么交通工具，走什么路线），去多久，去干什么，对吗？

"从大阪出发去夏威夷的话，坐飞机去吧！"

"从大阪出发东京的话，坐新干线去吧！"

"从家里出发去附近的便利店的话，骑自行车去吧！"

如此这般，你先决定去哪里，然后才会考虑选用何种交通工具。

那么，如果把工作视为人生之旅的交通工具，你准备乘坐这个交通工具去往哪里呢？你的目的地是哪里？你准备计划一个什么样的人生旅程？还是说完全不管这些，你完全没有目的地，随波逐流即可，在人生的河流中随意漂泊，漂到哪里算哪里？

不要小看这一点点差别，它的意义非常之大，远超你的想象——有明确人生目标的人，和完全没有任何目标、得过且过、随意漂流的

人，只需区区几年，其人生轨迹便会出现巨大分岔，其人生际遇将会有天壤之别。

这里面人与人之间并不存在能力的差别，区别只有一个：**是否早就定下了人生之旅的目的地，具体而明确的目的地。**

软银公司的老板孙正义曾说过这样一句话："**无论如何，你要先决定你到底要爬哪座山。**"

那么，你想攀爬的人生之山，到底是哪一座呢？

你先决定这件事，才有资格说其他的。

当然，你如果是一个登山素人，却想只身爬山，很有可能遭遇不测。所以，找一个职业教练或专业向导帮助你，是当务之急。只有这样，你才能在崎岖不平的山路上规避风险，披荆斩棘，最后成功登顶。

对我而言，这个教练和向导就是我的创业恩师。

他曾经这样对我说："登山这件事有不同的阶段和步骤。通往山巅的路上有许多不同的项目，每一个项目都代表着一个阶段和步骤。

"比如，'小河漂流'项目、'花田观赏'项目、'攀岩闯关'项目等等。每一个项目看起来都很刺激，都很好玩，都充满魅力，令人心痒难耐、跃跃欲试。

"你只要能耐下性子，一个一个地搞定这些项目，不知不觉就会来到山顶。这就是登山这项运动的本质。

"人就怕心猿意马，总是徘徊不定。比如说，你正在做'小河漂流'项目时，却被旁边的花田所吸引，想去玩玩'花田观赏'；于是放下'小河漂流'来到花田。可是玩着玩着，你又被花田旁边热火朝天的攀岩景象所吸引，便再次放弃花田，去凑攀岩的热闹……

"这就叫没常性。

"所以，常性很重要。一旦开始攀爬，你就要相信教练和向导的话，横下一条心去摆平所有的项目，坚定不移地朝着终点努力攀爬，不达目的，誓不罢休。你绝不能三心二意，半途而废。

"当你终于成功登顶，彻底征服了那座大山之后，你还要再接再厉，继续去征服其他的山脉。人生就是这样。征服之旅没有尽头。"

导师的这些话被我铭记于心。依照他的教诲，我开创了自己的第一个事业。在达到年收入3000万日元之前，我一直专注于那个项目，倾注了自己的全部心力。

跨过3000万日元的门槛之后，我又成立了第二家公司。直到那家公司也步入正轨，令我的年收入达到9000万日元之后，我才成立了第三家公司。第三家公司亦获得成功，让我的年收入终于突破亿元大关，达到1.2亿日元。这时，我才成立了第四家公司。

恩师说："彻底结束一个步骤，再迈向另一个步骤；彻底登顶一座山，再爬另一座山。"我就是这样一步一步地迈着坚实的步伐一路走过来的。

当然，我也遇到过不少坎坷，曾在绝望的边缘……此类心路历程与其他创业者无异。好在有导师支持我，鼓励我，向我伸出援手，我才有今天。

可即便如此，登顶之前绝不能三心二意这一点，是我成功的决定性要素。对此，我深信不疑。

这个经验对我有用，相信对你也同样有用。

你也应如此，先决定登哪座山，然后去找一个靠谱的教练和向导为你把关，带你向前；一旦迈出第一步，千万不要被路边的风景迷惑。这个时候，你不妨盯紧自己的脚尖，一步一步地往前走。无论路途多么漫长、多么枯燥，你也要持续迈步、持续攀爬。这样一路走下去，当你猛然抬头时，你会惊喜地发现终点已在眼前，你已置身山巅……重点是，你会突然感觉这个过程远不如想象中漫长，山巅是你突然到达的。

决定人生的四种工作方式

这个世界上存在着四种不同的工作方式。

罗伯特·清崎在《富爸爸穷爸爸》的"富爸爸的现金流象限"一节中写道，人们得到金钱（现金流）的方式主要有四种。据此可以把人们分在四个不同的象限。

E象限：Employee（工薪族）

S象限：Self-Employed（自营业者）

B象限：Business Owner（企业主）

I象限：Investor（投资家）

E **Employee** **工薪族**	B **Business Owner** **企业主**
S **Self-Employed** **自营业者**	I **Investor** **投资家**

一个人到底属于哪个象限，取决于他的钱从哪里来。

受公司出勤时间束缚的上班族、挣时薪的小时工……这个世界上的绝大多数人是靠薪资过活的，所以都属于E象限，即工薪族。

我也曾是工薪族的一员，因此也曾属于E象限。

用自己的能力和时间赚钱的小饭店老板、自由职业者、既是老板也是员工的小微公司经营者等等，都属于自营业者的范畴。

如上图所示，这里的工薪族和自营业者两个阶层，与赚钱多少无关，都位于这张现金流象限表的左侧。

看到这里，有人会想："要成为有钱人，你必须跑到这个表格的右侧才行！"

其实不然，即便是位于表格左侧的E象限的工薪族和S象限的自营业者，你只要肯努力，再加上一点运气，也有成为有钱人的可能。

比如说，能挣到高薪酬的世界500强公司的高管，凭借卓越能力和超高人气赚了大钱的艺术家和职业运动员，等等，都属于这个范畴。

问题在于，这些人的财富获取方式是典型的自有时间的零售方式，即所有收入均与时间有关。当人一旦受伤或残疾，失去职业能力，时间的零售将会戛然而止，这些人就立刻没了收入。

另外，广受社会大众羡慕的高收入职业——医生和律师，也属于E或S象限。

理由很简单，他们的职业特点也是时间零售。他们无论是给别人打工，还是自己开诊所、开律师事务所，要想获取收入，他们就必须售卖自己的时间。干就挣，不干就不挣。

总之，这类人统统位于该象限表的左侧。

与之相反，人们即便自己不在现场，不坐班，甚至不工作，也能有钱赚，也能有现金流，这一部分人则位于该象限表的右侧。

一言以蔽之，这些人的生财方式是：自己不干，至少不用直接干，也有他人或某个组织、某个系统替自己干。

其中，由员工和企业内部组织为自己干的人，是B象限的"企业主"阶层；连员工和组织都不需要，完全靠钱生钱的人，是I象限的投资家阶层。

下面，我来详细介绍一下不同象限所属阶层的特征。

·E象限：Employee（工薪族）

如前所述，从公司挣薪水的人，属于这个象限。

月薪或时薪标准是一定的，你干到什么程度，就会拿到相应的薪水。这是等价交换的关系。

简单点说，如果你的时薪是1000日元，你每周工作五天，每天工作8小时，那么，你的月收入将是16万日元。这个钱就是你售卖自己时间的所得。以此类推，如果你的月收入是25万日元，此收入也是公司购买你个人时间的代价，你只是时薪略高而已。

E象限的人有一个特点或者说弱点，那就是，他们比较容易被他人代替。换言之，对公司而言，他们并非不可或缺的存在。

举个例子。你突然生病请假了，公司大概率不会感到为难，更不可能停摆。因为有许多人能补上你的空缺，代替你的工作。这是由大工业化生产所催生的"标准化、流程化作业模式"决定的。

E象限阶层的另一个特征是，收入存在明显的上限，即人们常说的所谓"天花板效应"。

好比NBA的球星再有钱，好莱坞的巨星再富裕，他们的财富也不可能赶得上巴菲特和马云。

明星如此，普通工薪族就更是如此。

假设你的时薪能够达到1500日元，而且你是一个工作狂，能够一年365天、一天24小时不眠不休地持续工作，那么，你的年收入最终也只能达到1314万日元的程度。这个数就是你的薪水天花板，是你的能力极限值。

更何况，你也不可能以这种过激的方式工作，除非你不想活了。退一万步讲，你即便能以这种方式工作一段时间，你的身体也会很快垮掉。然后，你会住进医院或者疗养院，花大把的钱、用大把的时间恢复身体。这样一来，你不但会把赚来的钱全扔进去，闹不好还要倒贴不少钱。重点是，你荒废的时间本身就意味着巨大的金钱损失。你赔了夫人又折兵，太不划算了。

E象限的人为了改变职场命运，常常会考取各种资格证书以谋取升迁的机会。换言之，他们认为只要能多搞一些证书，多取得一些资格，就能增添自己的职场筹码，进而获得职场地位和金钱方面的回报。

他们认为，手中筹码的增多可以让自己多一些自主选择的机会，能够更容易跳槽到条件更好、福利更多、收入更高的公司。

这可以理解。常言道，人往高处走。向往条件更好的职场是人的本能，而在本能的驱使下奋发图强、力争上游，这件事本身并无任何不妥，甚至是一件值得称赞的好事。

正如我在前面提到的那样，你即便去到更好的职场，抑或在原来的职场中取得更高的职位、更好的收入，你的现金流（即刨除每月的日常花销后剩下的钱，可以自由支配的钱）还是不会有什么大的变化。即便成功跳槽到一家更好的公司，你依然没有跳出旧有的圈子，依然在E象限。既然如此，你的人生便不大可能发生质变，这些变化依旧是不起眼的小变化。

举个例子。由于某种原因，比如意外事故或不可抗力，你不再工作，抑或不能工作了，你手头现有的钱（现金流）能够帮助你撑多少天？你认真地想过这件事吗？

我们不妨一起计算一下。

（储蓄+源于组织的系统化收入）÷支出 = 生存时间

由于B和I象限以外的人没有"源于组织的系统化收入"，也就是不用工作也能赚到的钱，所以他们的这一项是0。

假设你的个人储蓄是200万日元，每月的固定支出是20万日元，你的生存时间将会是：

（200万日元+0）÷ 20万日元 = 10个月

可见，无论你的收入有多高，你只要失去了工作能力，不再能够零售自己的个人时间，那么，你的收入便会戛然而止。

"安全、安定、保障"这些词格外地受E象限阶层的偏爱。可讽刺的是，这个象限的人，恰恰最缺的也正是这些东西。

·S象限：Self-Employed（自营业者）

自己挣钱养活自己的人，属于S象限。

这个象限的阶层与E象限有所不同。尽管他们也是靠零售自己的时间获取收入，但付出与获得的比却未必是1：1。由于时间效率和个人能力的不同，也许付出10，能够得到20，甚至更多。

一般来说，提到自主创业，多数人都会联想到这个象限。问题在于，尽管该象限在挣钱能动性或挣钱弹性方面比E象限好很多，即该象限的人总体而言似乎比E象限的人更有钱，但有一个至关重要的基本特质，使得该象限与E象限别无二致，那就是：干就有，不干就没有。

这是时间零售型工作模式的人都有的弱点和痛点：必须不停地工作，人才能不停地赚钱。一旦大病或天灾导致工作停止，人们就会立马失去收入，生活难以为继。

总的来说，S象限的人都是比较自我的人。他们厌倦了受雇于人时看人眼色的日子，他们渴望自由，渴望做自己想做的事。

他们往往是一些拥有特殊技能的人，是真正能够凭本事吃饭的人。他们自身也非常在意这种本事和技能，总是不忘利用一切时间和机会去打磨、提升，让它们越发不可复制，直至成为自己可长期依赖的核心竞争力。

如此一来，他们与其他群体（普通人）之间的能力差距拉得越大，两者的收入差距也便越悬殊。与此同时，他们身上的那些技能也就显得越发特殊，无人能替代。既然无人替代，他们便只能亲力亲为——本质上还是时间零售，干就有，不干就没有。

这就是S象限阶层的痛点所在：即便他们想当老板，雇人给自己打工，雇来的人也作用不大。老板身上的技能太特殊了，没人能够模仿。他们即便勉强成立公司，恐怕疲于奔命的也只能是老板本人。

有人会说："你以为人家傻啊？人家不会收徒吗？人家把自己的本事教给徒弟，然后雇徒弟给自己打工不就好了？"

我承认，收徒确实是一个路子，可这个路子风险也不小。一般来说，大家都处在S象限，一旦徒弟学会了师傅的本领，大多会有独立的倾向。这就叫"教会徒弟，饿死师傅"。

正因如此，该象限里的人大多不愿雇人，更不愿教人，因为这样做无异于亲手培养自己的竞争对手，实在是得不偿失。

于是，该象限里的人无论何时都是忙忙碌碌，无论何事都亲力亲为。他们本来想着好好拼一拼，把销售额拼上去了，多赚一点钱，就能自由一点；没想到，销售额上去之后反而更忙碌了，能够自由支配的时间反而更少。

这就是S象限的宿命。

·B象限：Business Owner（企业主）

拥有自己的公司和生意，能够享受源于组织的系统性收入的人群，属于B象限。

成立公司、拥有生意也是一件耗费时间的事。但是，人们一旦成功，与付出相比，其收益之丰厚却是指数级的。

不夸张地说，你即便付出的时间小于1，你收获的金钱也很有可能大于100。

为什么这种模式能够成立？因为B象限的人可以雇人，他们可以组织团队、召集伙伴为自己工作，运用时间与金钱的杠杆为自己服务。

举个例子。

你想到一个极佳的生意点子，或者遇到一个极好的生意机会，你会怎么做？

你大概率会尝试自己先做起来。如果能够取得初步的成功，你的"付出获得比"将是10∶30（付出的时间是10，赚取的金钱是30）。于是，你趁热打铁，将这个项目介绍给你的朋友或伙伴，让他们也参与进来，你和他们签合同，向他们收取30%的手续费或加盟费。假设你能找到20个合作伙伴，签20份合同，你的收入将是：30+30×30%×20人=210；即便你完全放手，不再亲力亲为，彻底当个甩手掌柜，你的收入也将是：30×30%×20人=180。

看见了吧，你付出的时间远小于1，甚至是0，你也能得到如此惊人的回报。这就是"源于组织的系统性收入"。

所谓杠杆原理，就是这个逻辑：以较少的投入（时间、金钱或行动）撬动极大的回报（时间、金钱或代偿）。几乎所有的有钱人都极其重视杠杆，凡事无不从杠杆最大化的角度去考虑、去行动，所以才会如此有钱。

从这个意义上讲，S象限的人由于只能孤身奋斗、零售时间，因此只能是一马力能量拥有者①。他们满脑袋想的都是如何提高自身技能，让自己成为一个超人。而B象限的人则不同，他们的逻辑是雇佣超人，或至少与超人合作，组成一个或若干个团队共谋大业。这就是有无杠杆的区别。

　　美国福特汽车公司创始人，著名的创业家、企业家亨利·福特的事迹想必大家都听说过。他的传奇人生留下了无数传说，其中有一个故事格外经典。某日，有几个被称为知识分子的人气势汹汹地闯进福特的公司，指着他的鼻子说："你这个人实在是太无知了！"

　　这位大企业家却并不生气，而是礼貌地将这几个人请到自己的办公室坐下，平静地说道："你们有什么问题尽管问，我洗耳恭听，尽力作答。"

　　于是，那几个知识分子也没客气，七嘴八舌地开始说。

　　福特依旧不动声色，耐心地听着。等到那几个人发泄完，这位大企业家才不慌不忙地将手伸向桌上的电话。

　　他打电话给自己的得力助手，让助手回复了那些人提出的问题。待这一切结束之后，福特起身送客，并微笑着对他们说了一句话："我的工作逻辑是，一旦公司出了什么问题，自己并不出面解决，而是雇用受过良好教育、头脑聪明的专业人士去解决。正因如此，我本人才能不被杂事所累，永葆头脑的清醒，用清醒的头脑去解决那些更重要的问题。"

---

① 意味着存在明显的能量天花板。——译者注

企业主最重要的工作甚至唯一的工作，就是用人做事，而不是自己做事。企业主寻找具有专业知识的人才，雇他们为自己工作，为公司做事。

如果仅仅是产品好、点子绝，这种程度的事情E和S象限的人也同样能做到，就显不出B象限的人的本事了。

举个经典的例子。

你问一个人："你做出的汉堡比麦当劳的还美味吗？"

对方不假思索地回答："当然！麦当劳汉堡的配方没那么复杂，味道也没有那么不可模仿！"

只要食材对、程序对，一个人做出和麦当劳差不多乃至更胜一筹的汉堡似乎确实不是什么难事。人们对这一点很容易形成共识。

但是，你如果把问题换一下，答案就会瞬间改变。

你如果这样问："你能做出比麦当劳还厉害的商业模式吗？"

绝大多数人恐怕都会语塞。大家最终的答案将是：不能。

结论一目了然：你也许能相对轻易地做出超过麦当劳品质的汉堡，不过，你几乎没有可能把自己的这个手艺复制到几亿，几十亿，几百亿个汉堡上，并将它们送到世界各地的餐桌上，就像麦当劳已经做到的那样。

这就是组织化和系统性商业模式的力量。

就拿曾经的世界首富，微软公司的联合创始人比尔·盖茨来说，他自己并没有制造什么了不得的商品。他的做法是，把别人的产品买下来，并以其为中心，构建一个覆盖全世界的强大系统性网络，从而达到称霸世界市场的目的。

如此这般，B象限的人拥有一个共同的特质，那就是，无论自己在或不在，公司都能运转自如，不断产生大量现金流。为使公司保持正常运转，他们广招贤才为自己助力，无限追求杠杆最大化。

特别需要强调的是，S象限的人往往会本能地排斥乃至厌恶将手中的工作交给他人（因为自认无人可以替代自己的手艺）；而B象限的人则正相反，他们热衷于将自己的工作委托于他人，哪怕后者的手艺远不如自己，因为他们要的是杠杆。即便一两个人的生产力有限，几十几百乃至几千几万个有限的生产力汇聚到一起，也将产生质变，迸发出惊人的、磅礴的生产力。

B象限的人将工作交给他人去做，自己只做维护系统和组织的事。这就是思维的不同。

·I象限：Investor（投资家）

将金钱投向有希望的公司、项目及其他投资标的，进而获得不菲收益的人，他们属于这个象限。

换言之，通过购买资产的方式以钱生钱，是I象限阶层的基本行为特征。

顺便说一句，单纯的炒股、炒汇不属于I象限。正如罗伯特·清崎所说："一般的炒汇和炒股，仅仅是赌博而已。"

在他的眼里，所谓投资家，必须是像沃伦·巴菲特和吉姆·罗杰斯那样的人物。他们动辄用上亿美元的资产去做真正有价值的投资。

对我个人而言，对I象限的界定源于创业导师的教诲。他曾这么说："我认为成功晋级I象限的人需要满足如下两个条件：第一，即便遭遇不测（不可抗力），他也至少能有5000万日元的现金流；第二，他每年的净增现金流不少于3000万日元。

"与之相比，小打小闹的炒股和炒汇是上不了台面的。它不算投资，而是投机，与赌博没什么区别。

"他们每天天不亮便揉着惺忪的睡眼从床上爬起来，打开电脑，盯着屏幕看一整天。他们渴了就喝口自来水，饿了就啃方便面。由于买进、卖出的最佳时机很容易错过，他们片刻不能分神。这绝对称得上重体力劳动。这种人至多能沾上S象限的边，离I象限还差得远。他们更像是劳动强度极高、劳动时间极长的个体户，和那些起早贪黑、忙碌不停的小店主没有什么区别。

"什么是真正的I象限的行为呢？大规模买进股票并长期持有，靠股息和分红赚钱，也就是以'股东'的身份谋利。如果涉及不动产投资，他们一口气买下整栋楼，然后全部租出去赚取房租。显然，如果你只是买了一两套或若干套房产，你顶多算一个小康水平，离投资家还差着十万八千里。

"无论是股票，还是房产，投资家追求的都是规模效应和长期稳定的收益，而不是靠运气挣小钱。"

总之，炒股和炒汇更需要碰运气。与其做冒险的事，你还不如把钱省下来去学习，好好打磨自己的本领。把钱投在股票、外汇上，你还不如投给自己，投资自己的未来。

致富方法5

为了赚到一个亿，请先将目光瞄准"企业主"

你追求的是什么？你想要的东西到底是什么？

是安定？还是自由？

《富爸爸穷爸爸》中的"富爸爸的现金流象限"这一节，对这个问题做了如下回答：E（工薪族）和S（自营业者）所属的左侧象限，其原动力很大程度上是追求安定；而B（企业主）和I（投资家）所在的右侧象限，其原动力则是追求自由。

举个例子。自营业者和企业主尽管都属于"生意人"的范畴，但他们一个在S象限（前者），一个在B象限（后者），两者之间的差距很大：左侧象限的人，只要自己不工作，便无法产生现金流（收入）；右侧象限的人则不然，即便本人不工作，照样能产生大量的现金流。

一说起创业，许多人会本能地联想到S象限。其实，在B象限创业的可能性也并不低。而后者的创业成果和前者有着本质的不同。

当然，从S象限逐渐过渡到B象限是有可能的；问题在于，许多人创业，可能自始至终都无法跳脱S象限的束缚。他们最多是将一个新店发展成老字号，一直忙碌到自己七老八十，还得继续奋战在一线。由于其手艺经过几十年的打磨，已无人替代，他们越老便会越忙碌。这种案例在日常生活中并不少见。

如果你的终极人生目标是"既有钱，又有闲"，即彻底的自由，你的创业目标从一开始便应瞄准右侧象限的顶部，也就是企业主。

问题来了：为什么一个国家的九成人口，终其一生都会在现金流象限的左侧？

我认为，最重要的原因在于教育：我们的学校教育只教授了左侧象限的活法，而对右侧象限着墨甚少，甚至完全没有涉及。所谓种瓜得瓜，种豆得豆，这是一种强因果关系。

我们所处的大工业化时代，长期以来都有一套完整的符合常识与时代背景的人生剧本。而我们中的大多数人都会本能地按照这套约定俗成的剧本接受基本的教育，并规划各自的人生。

从金钱的角度解读这套剧本，我们可以大体上勾勒出如下剧情，也就是大多数人的人生故事：

场景1　你从学校毕业，找了一份工作。

场景2　工作一段时间之后，你多少攒了一点钱。

场景3　你从与同事（或同学）合租的、拥挤不堪的陋室中搬出来，独自租一套不大不小的房子。购买家具、电器装饰一番，装饰出一个温馨的小窝。购置新衣服、新包、新化妆品，彻底换一身行头让自己面貌一新。全款或分期付款买一辆价格适中、尺寸也适中的汽车。把自己的爱车精心打扮一番，并为其起一个昵称。

场景4　水电费、取暖费、燃气费、网费、电话费、闭路电视费、房租欠费单、信用卡催账单……各种收费（催款）单据如雪片般到来，令人肉痛、神经疼。

场景5　某日，在一个私人聚会上，你结识了一位魅力女郎（帅哥），迅速坠入爱河。经过如胶似漆的恋爱，你们最终步入婚姻殿堂，正式组织一个小家庭。

场景6　初婚的日子，你们的生活天天似蜜月一般。

场景7　你不再是单身了，你们现在是两个人了。其性质不同以往：两个人生活，可以有两个收入来源；两个人生活，可以分担生活费，减轻压力；两个人生活，可以分担房租，减少支出；两个人搭伙过日子，意味着开源节流。你们可以一起攒钱，计划着买一套属于自己的房产。

场景8　你们小两口跑遍了城市里的所有新楼盘，也没少看二手房，最后看上了一套还算满意的房子，于是拿出所有积蓄交齐了首付。

场景9　房奴生活正式开启。新房子需要新家具，可是你们已囊中羞涩，根本不敢奢求那些漂亮气派的高档货。就在小两口发愁的时候，聪明的商家把几句魔法般的广告词送进了你们的耳朵："我们卖家具和电器，是'以租代售'的方式，可以分期付款，且没有首付。每个月只需区区几百块，这些东西就归您了！绝对物超所值！"

场景10　二人大喜过望，立马签约付钱，将这些渴望已久的家当悉数搬回了家！——人生真美好！

场景11　无论是搬新家、买新车，还是买新家具、新家电，每当小家庭的建设有了新的进展时，小两口总会呼朋唤友，在家里小聚一番。

场景12　现在，两个人必须面对的现实——当家庭建设越发完整，你们的一生都将与债务为伴，并在还债中度过。

场景13　人生的下一个里程碑到来了：你们有了自己的孩子。

场景14　接受过高等教育，充满敬业精神的小两口把孩子托付给保育机构后，立马奔赴公司上班。

场景15　一份安定的工作是绝对必要的，特别是有了孩子之后，就更有必要了。理由很简单：在日本，像这样标准的三口之家，如果男女主人连续三个月处于失业状态，几乎注定会破产。

场景16　小两口只能互相鼓励，彼此打气——一定要咬牙坚持，绝不可以丢掉工作，也不可以辞职。毕竟养孩子、还债、交各种生活费都不是一个小数目！没有收入可怎么行？！

…………

看了上述场景，你是否感到熟悉？这是你一直向往的理想剧情吗？

如果我没有猜错，你的回答大概率将是"不"。这个回答非常有意思，体现了一种深层次的矛盾和无奈：一方面，你从小接受的教育就是过这样的生活；你父母的人生也是这样。你自己从小在无意识中接受了同样的人生之路，甚至连好好思量一番的动机都从未产生过。更要命的是，你甚至从未问过自己是否喜欢这样，而这并不意味着对喜欢与否这件事你毫不在乎。恰恰相反，你真的很在乎！

你不觉得这太不可思议了吗？

你不用再骗自己了。其实，你和这个世界上的绝大多数人一样，内心深处也无比渴望着自由和幸福。也就是说，你对E和S象限的人生其实兴趣并不大，你也想跻身B和I象限，过那种有钱又有闲的好日子。

问题在于，你很不走运，因为你和绝大多数人一样，从小到大都没怎么受过与B和I象限有关的素养教育，更别提职业训练了。

换言之，我们这个世界实在是太缺乏B、I象限的职业训练，太缺乏优秀的创业导师，以及让他们传道、授业、解惑的场所了。

无论有意还是无意，我们这个世界已经将"找一份安稳的工作，别冒险"的理念深深地印刻在每一个人的脑海里，却从未告诉他们，所谓的安稳往往意味着不断膨胀甚至伴随一生的负债。那么，**安稳地还债，也算一种稳定的生活方式吗？**

如果你这么想，说明你的思想已被牢牢地禁锢了。

放心，你并不孤单。因为思想被禁锢的人不只有你，全人类总人口的九成以上都和你一样：人们渴望经济上的自由，但摸索之路乃至奋进之路却只限于在现金流象限表左侧的E和S象限。

遗憾的是，有钱有闲的所谓安定和自由，往往只存在于该象限表的右侧，而与左侧无缘。

说得直白点，在你现在所属的公司，老板的职责不是让你成为有钱有闲的自由人，而是让他自己成为这样的人。至于你，老板只需按照规则支付你劳动报酬即可，其他事一概与他无关。你们之间就是这样一种单纯的契约关系：老板不负责你的人生（包括你为自己定义的自由、安定和幸福），只负责你的工钱。

换言之，你想成为有钱有闲的自由人，只能靠自己。

《富爸爸穷爸爸》的作者罗伯特·清崎曾说过这样一句话：**"富人和穷人最大的区别之一是，闲暇时会干什么。"**

和从前相比，现在的人生活节奏更快，几乎没有闲暇时间。这一点确实是事实。

不过，我个人的建议是：**既然忙碌本身无法逃避，那么，与其专注于象限左侧的忙碌，不如在左右两边一起忙。**

当然，时间分配方面可以灵活一些：刚开始可能左边多一些，右边少一些。然后，逐渐减少左边的时间，增加右边的时间。最后过渡到把所有时间都分配给右边……

你只要坚持这样做，实现"成为有钱有闲的自由人"的终极梦想的可能性便会大大增加。

就拿我自己来说，我从24到27岁这三年中，一直都是边在公司上班，边跟着创业导师学习B象限的专业知识，边学边实践。这几年，我的忙碌兼顾了象限表的左右两边。

现在，你不妨和当年的我一样，重新规划自己的人生：

其一，你如果现在有一份工作，是一个标准的工薪族，那么请尽你最大的努力好好上班、好好挣钱；

其二，完成本职工作后，你如何规划和利用8小时之外的时间，将决定你的未来：是在象限左侧安稳地拼一辈子；还是在象限右侧冒险，实现真正的自由呢？

答案不言自明。问题是，你如何才能从象限的左侧跳到右侧？我个人的建议是，你不妨从B象限开始，把目标锁定在老板和生意人上。

你也许会说："何必那么麻烦？直奔I象限不行吗？我想直接做一个投资家！"

你如果有条件，有充足的启动资金和闲暇时间，那么从一开始便瞄准I象限也未尝不可（尽管也意味着巨大的风险。毕竟你还没有任何成熟的经验，没有经历过任何现实的洗礼）。问题是，这些条件本身就是你奋斗的目标，换言之，是你的终点，而不是起点。正因为你不具备这些条件，你才要奋斗，不是吗？

你可能还是不同意，认为我说得不对，说我可以炒股啊！只要炒股，我就有可能发大财，就有一夜暴富的机会啊！这个概率你不能否认吧？

朋友，这叫投机，不叫投资。靠投机成功晋级I象限的人不是没有，但可能性实在是太小了。概率无限接近于零。

事实上，一部分投机者靠投机发了大财，如某些美国的对冲基金业主。可是，人家当初能够启动的资金规模也不是你能企及的，甚至不是你能想象的。换言之，他们的投机其实已经无限接近于"投资"的境界了。

投机家如此，投资家更是如此。后者尽管终其一生都会与股票打交道，可他们的方式却不仅仅是买进卖出这么简单，更别提频繁地买进卖出了。一般来说，他们的字典里没有"炒"这个字，人家对待股票的态度是大批量买进并长期持有，靠分红赚钱。总之，人家谋求的是股东的身份，确保自己即便不在交易现场，也能获得可观而稳定的现金流。

这才叫投资家。你如果想炒股，即便发了点小财，也与投资家的境界相去甚远。你如果每天24小时被炒股这件事占得满满的，根本不可能有喘息的时间。无论是否能赚到钱，能赚到多少钱，你本质上还是一个体力劳动者，甚至是重体力劳动者。

不仅如此，更大的考验和煎熬还在后面。你炒股没赚钱还好，如果赚了钱，甚至赚了不少钱，恐怕你的闲暇时间会更少，劳动强度会更大，你会被这件事拴得更牢。换言之，你非但没机会从象限左侧跳到右侧，反而在左侧愈陷愈深，直至无法自拔。

即便有才华、有经验，绝大多数人也不具备一上来便将目标瞄准I象限的实力与资源。你还是回归现实，从B象限开始你的新规划、新人生吧！

·从"企业主"起步的两个理由

建议大家先从B象限起步，有这样两个理由：

其一，可以培养素养，积累经验。

从结论上说，一个人只要能在B象限取得成功，再晋级I象限，成为一个优秀投资家的概率就会大大增加。B象限的实践能够增加你的经验，培养你的生意感觉，而这些对成为一个职业投资家来说实在是太重要了。

举个例子。投资家的工作是什么？是选择。到底把钱投给谁，投给哪家企业、哪个项目，这就是投资家最重要的工作，甚至全部工作。

选择，看似简单，实则难于上青天。它既需要经验，也需要直觉，两者缺一不可。比如说：主导一家公司或一个项目的人是什么样的人？它们的商业模式靠谱吗？管理体系扎实吗？组织系统完善吗？专业知识过关吗？企业文化健全吗？发展前景可期吗？

这些细节看似琐碎，却无比重要。哪怕是对最不起眼的地方看走眼，就有可能让你血本无归。换言之，投资家是凭眼光吃饭的，眼力不好的人根本无法在这行混。

这个时候，能帮到你的，只能是B象限的实践给予你的知识和营养了。

其二，可以让你有更多的资源与现金流去从事投资活动。

有本事在B象限成功，就意味着你独创了一门生意，并已将其纳入正常运营的轨道。这个成功赋予你的除了经验与灵感，还有相对富余的时间和现金流。面对瞬息万变的投资市场，这两样资源对I象限来说至关重要。

相比之下，E和S象限的人则被动得多。无论是时间还是现金流，都是他们最稀缺的东西，所以，任何有可能发生亏损的事物他们都不敢轻易尝试。

这就好比开车。E和S象限的人永远无法将自己的油箱加满，总是在油即将耗尽的状态下驾驶。这样的车稍有风吹草动便会彻底散架，连普通的出行需求都很难满足，更别提开着它去和那些豪车车主玩赛车游戏了。

投资除了需要资本之外，还需要海量的专业知识。这些高端金融知识往往需要耗费大把的时间去学习、去掌握。当然，学费也肯定低不了。而这两样资源的获得，还得靠B象限的实践。

当然，没有人能随随便便成功。这个逻辑永远说得通。不要说那些已成名的大家，即便是那些小有成就的投资家，他们在取得成功之前都必然经历了无数次大大小小的失败。

我的创业恩师在步入I象限的早期阶段也曾吃过大亏，摔过大跟头。他曾经在三天内损失了6000万日元。可见，最终取得成功的人必定对一件事心知肚明，那就是：从成功中学，所得甚少；从失败中学，所得甚多。

一个人要想成功，就必须在失败中学习。一个人要想在失败中学习，就必须不怕失败。

当然，如果你已身处I象限，失败就意味着金钱的损失，且往往是大额损失。所以，你如果尚未储备好必要的知识与资本便贸然闯进I象限，遭受损失后，你将很难再爬起来。这种打击不仅体现在物质层面，更体现在精神层面（所谓一朝被蛇咬，十年怕井绳）。因此，你切勿轻易尝试。

总之，B象限是你无法绕过的路。它是学校，能教给你知识、价值观和技术；它是加油站，能赋予你充裕的现金流。

你在B象限构筑起来的生意，将是你在I象限打拼的坚强后盾。当你在I象限长本事的时候，它会助你一臂之力，让你免除后顾之忧；当你在I象限摔跟头的时候，它会把你扶起来，为你疗伤，推你上路。

这就是物质和精神两个层面的支持，而这种支持对你来说将是一条生命线。

让我们再捋一遍思路：无论你现在是在E象限还是S象限，你要先把目标瞄准B象限；然后把在B象限赚的钱投向I象限。

一言以蔽之，你就是做B象限与I象限的乘法题，不断地将这道题做下去，将B象限与I象限之积不断地积累下去，最后到手的就是永远的自由。

如今，左侧象限的生活已与安定无缘了。它甚至称得上险象环生。

既然如此，你起码要拿出做一点副业、兼职的智慧和勇气，勇敢地尝试新的人生方程式。

你只要敢做一点副业就行，万一做成了呢？只要做成了，万一做大了呢？只要做大了，万一能成企业主了呢？只要成企业主了，万一能成投资家了呢？

如此走下来，你的位置便会逐渐右移，从左侧象限移到右侧，直至实现人生的终极理想。

所以，还是那句话：这世上从来就没有救世主。要想改变命运，你只能靠自己！

别误会，我并不是说你现在就应该辞职，彻底以自由身开始创业之旅。与之相反，我向来反对草率、鲁莽、有勇无谋的行事方式；向来认为创业这件事不宜孤注一掷，必须给自己留条后路；向来主张骑驴找马的创业方式。

也就是说，你完全可以边上班，边创业。

你不要相信"只有背水一战的人才能创业成功"的鬼话。这不叫智慧，叫傻；也不叫决心，而叫幼稚。可以想象，这些看似悲壮实则天真的人冒冒失失地走上创业之路，能有几个笑到最后。

事实上，迄今为止，许多伟大的创业家，包括不少以牛仔精神著称的美国创业家，当初走的都是骑驴找马的路线。因为稳健，便不会慌；因为不慌，才不会在情急之下方寸大乱。这样才能增加成功率，降低失误率。

就是这个逻辑。

作为读者的你已经迈出了拥有新思维的第一步。从下一章开始，我们将重点看一看，要想成为一个生意人、一个有钱人，到底需要什么样的心态、思考与行动。一如既往，我希望我的个人经历能给你带来一些有用的灵感。

FOUR

你的努力，必须从疏通管道，建立渠道开始

重新说回《富爸爸穷爸爸》这本书。

"富爸爸的现金流象限"这一章节中，有不少关于金钱的独到见解，非常精彩。

篇幅有限，这里仅大概介绍一下。

·和来来回回地搬水桶相比，会使用管子的人更有前途

先来听一个寓言小故事。

话说很久很久以前，在一个偏僻的地方，有一个古老的小山村。

这里的人们过着原始而朴素的生活，总体来说还是逍遥自在的。

可就是有一个大问题始终解决不了，令他们感到困扰。

这个问题就是：缺水。只要不下雨，这里就几乎没有任何水源可用。

于是，村里的长老们经过商议决定雇一些人，专门为村民们每天外出担水、运水，以解燃眉之急。

两个小伙子来应聘，村子就和他们两个人都签了约。

长老们的想法是：不能只雇一个人，要让他们有竞争对手。同时雇两个人，一来可以压价，二来一旦其中一个人撂挑子了，还能有一个保底的。

签约的两人中，有一个小伙子叫江户。

江户表现得非常积极，刚在契约上写下自己的大名，就跑到市场上买来两个铁桶，然后，马不停蹄地赶到一公里之外的湖边挑水。

他就这样起早贪黑、没日没夜地干，没过多久，这两个铁桶便为江户带来了白花花的银两。这让他很有成就感。

村民们砌了一个大大的水泥储水罐，用来存放江户挑来的水。为了让这个储水罐永远处于满水的状态，江户不得不每天保持同样的节奏，片刻不停地挑水、补水。尽管干活很辛苦，但长老们说话算话，从不会在报酬上打折，让小伙子没少挣钱。为了赚钱，无论多累多苦，江户也总能咬咬牙挺过去，从未后悔过来到这个村子，干上这份活。

两人中的另外一个小伙，叫毕路。和江户不同，尽管和村子签了约，毕路却一直不声不响。他每天做的事情不是去挑水，而是四处走动、观察，或者坐在村子的角落里发呆。

看到他这个样子，长老们心里很不爽。可是，一来不干活便没钱挣，村庄没什么损失；二来竞争者的存在也能确保江户不会消极怠工，左思右想后，长老们还是默认了毕路的不作为，由他去了。

一天，毕路忽然灵机一动，想到一个好主意，便对江户说："其实，你没必要每天跑这么多路，挑这么多水。咱们不如弄一根长长的管子，一头放到湖里，一头放到村子的储水罐里。我观察过了，从湖面到村子有一个明显的坡度，咱们只要稍微下点功夫，就能把水从湖里引到村里。这样一来，村里的人和咱俩就都自由了！岂不皆大欢喜？"

没想到，江户听到后却并不高兴，反而勃然大怒。

他厉声训斥道："你这是痴心妄想！这种事怎么可能成功呢？一厢情愿罢了！说到底，你就是懒！不舍得卖力气，没出息！"

拒绝毕路后，江户挑起水来更卖命了。他不断磨炼挑水技术，并换了两个更大的铁桶，一举提升了挑水的效率，博得了村民的喝彩。这让他心里更有成就感，更得意了。

只不过，在表面的得意背后，他却有不为人知的失落：他沮丧地意识到，每日挑水、补水这项重体力劳动的性质没有发生任何变化，且未来也不大可能发生变化。换言之，他看不到这项工作的终点在哪里。他经常会做那种掉进深渊的噩梦：坠落，不停地坠落，却不知何时能坠到底，更不知坠底后将面临什么——是软着陆，还是硬着陆？是不是粉身碎骨？这种感觉本身就很沮丧，甚至很惊悚……他经常惊出一身冷汗，猛然从床上坐起来，发愣。

与此同时，毕路也没闲着，他果断地开始实施自己的计划。只不过，如此大的工程仅靠毕路的力量，操作起来谈何容易！

工程的难度本身就不小，旁人的冷嘲热讽更是让毕路处境艰难——他的主意不但没得到江户的认同，村民们也觉得太离谱。大家都认为毕路很天真，总想着投机取巧，归根结底还是太懒，难堪大用。

事实上，工程的进展确实一波三折。无论毕路每天怎么忙、怎么拼，这个工程却始终连一个雏形都没有。于是，那些冷嘲热讽更多了，这让毕路觉得自己肩上仿佛扛了一座山，且这座山愈来愈大、愈来愈沉……开弓没有回头箭。毕路知道自己没有退路了，只能咬牙坚持，拼尽全身力气往前挪……

就这样，毕路幻想着水道正式开通那天的盛景，凭借强大的耐心和毅力每天起早贪黑在工地上忙碌着。日复一日，他从不停歇。

他的满腔热情、他的不懈努力终于得到了回报。一年后，水道开通了！

清澈的湖水源源不绝地顺着竹筒连接的管道流进了村子的储水罐。水的清洌混杂着竹的清香，让毕路的汗水和泪水显得值得。

狂喜的村民聚拢过来，在一片欢呼声中将毕路的身体高高托起并抛向天空，一次又一次——而这一场景，曾在毕路的脑海中出现过无数次，现在终于成真了！

看着毕路的成功，江户却并不服气。他默默地转身离开村庄，又在另一个村子找到一份担水的活。

江户决心用行动证明自己。他越发疯狂地磨炼挑水技术，并给自己换了两个更大的铁桶。水越挑越多，也越挑越快。可江户的身体状况也由于劳累过度一天不如一天了。

坏消息不只这一个，还有更多。

水管计划大获成功之后，从重体力劳动中解放出来的毕路终于变成有钱有闲阶层，得到了自己渴望已久的金钱和时间上的自由。于是，他开始琢磨还有没有自己能做的事？

请注意，这里有一个重点：智商高的人永远在想，想好了再做，或边想边做；智商不高的人则永远在做，从来不想。

显然，毕路就是前一种人。与江户总是身体闲不住相比，毕路总是脑子闲不住。他的脑子永远在想，永远在琢磨事情。

毕路又开始琢磨事情了。他做了一个大胆的决定：离开这个村子！他决定将自己的水道引水工程推向全日本，让天下不再有缺水的村庄！

凭借着长期施工积累的经验和专业知识，毕路的庞大计划落实得非常顺利。他不但有了自己的专业团队和施工设备，还有了巨大的名望。随着工程的覆盖面越来越广，毕路的个人财富也一路飙升，他终于成了富甲一方的大亨。

这时的毕路已不同以往。现在，他即便每天躺在家里睡大觉，也能将成百上千万人每天必需的生活和生产用水送到千家万户；白花花的银子源源不绝地流进他的腰包。

毕路的工程搭起的其实是两条管道：一条管道里流着水，从江河流向村庄；一条管道里流着钱，从村庄流向他自己。

再来说说江户。常年的重体力劳动拖垮了江户的身体。毕路的水管计划也几乎将他的工作完全替代：他换了一个又一个村庄，可是每到一个村庄不久，讨厌的水管便会尾随而至，让他丢掉工作。他只好再次出发，四处漂泊、流浪。

终于，彻底厌倦了漂流生活的江户痛下决心，他扔掉手里的铁桶，成了毕路团队里的一名普通员工。他能挣到的依然只是一份普通的工钱，且已完全无法奢望能与曾经的同事、现在的老板说说话。现如今他们两个人已分属不同的世界……

《江户与毕路物语》一直是我本人的行动指南。

特别是当我面临艰难、复杂的局面，却必须尽快做决策的时候，我都会从这个故事中汲取营养，在关键时刻做决定。坦白说，它真是帮了我的大忙。

我经常这样问自己：

"我现在要做的这件事到底是什么？是用水管输水，还是用铁桶挑水？"

"我现在的工作方式到底是勤劳，还是愚蠢？到底是用身体做事，还是用脑子做事？"

正是这样一种自问自答的方式，让我能够不断地修正轨道，化险为夷，一路平安地走到今天，将金钱收入囊中，并获得时间的自由。

这就是我迄今为止的人生之路的真实写照。一路走来，我做的所有事乃至我关心的所有事，仅有三个字：铺管道。**铺财富的管道，人生的管道。**

当然，"铺管道"这件事说起来容易，做起来难。与之相比，许多时候，做苦力反而是个更便捷、更容易，甚至更舒服的选择——只要肯出卖体力就行。做苦力照样也能赚钱，也能生活，虽说无法富甲一方，起码能衣食无忧，甚至混个小康水平也完全有可能。重点是，这样还没有风险，不用操心，更不用提心吊胆。

显然，这里面有一个悖论，那就是："拎铁桶"的人生确实轻松。只不过，它是前半生轻松，后半生费劲。"铺管道"的人生则正相反，它确实有费劲的一面。只不过，它是前半生费劲，后半生轻松。

如果让你选，你选哪个？

答案一目了然。

所以，正因为"铺管道"有其费劲的一面，你才需要去努力。而你唯一能做且值得做的，也只有这两个字：努力。

"努力，必会留下足迹。"

24岁那年，我从创业导师那里听到这句话。当时，这句话并没有在我的内心深处激起多少涟漪。这类鸡汤般的话，我已经听得太多，几乎完全无感。

可是，不可思议的事情发生了：这句恩师的口头禅逐渐让我感受到一种莫名的魅力。在随后的实践中，我几乎每走一步都能切身感受到这句话的存在，以及这句话的真意。

我逐渐意识到，鸡汤本身并没有问题，有问题的是人们的喝汤方式。

就拿努力这件事来说，即便不能立刻看到结果，但无论如何，你只要努力过，便一定会留下足迹。只要不断积累这些足迹，在前方等待你的，一定是自由。

导师的那句口头禅，其魅力和价值就在这里。

其实，一直活到24岁，我的人生还是典型的江户式人生。作为工薪族，我每天加班到深夜12点，日复一日，年复一年。和他人相比，我每天要拿出两倍的时间"拎铁桶"。

直到遇见恩师，我才改变了谋生方式。这种改变首先体现在时间的分配上。我减少了夜晚的加班时间，增加了创业学习和实践的时间。换言之，我减少了"拎铁桶"的时间，增加了"铺管道"的时间。其结果是，我每天奔命的时间还是那么多，只不过内容发生了质变。这一质变最终从根本上改变了我的人生。

我能做到，相信你也没问题。

所以，你不妨从今天开始，拿出尝试的勇气去开发你人生中的第一根"水管"。

"你能不能从消费金融平台借200万日元出来，给我们用用？"——一个被双亲提出这种要求的男人的故事

说到这里，请允许我讲讲我的人生遭遇。

小学时代，我是一个不起眼的小男孩。那时的我是如此的乏善可陈，几乎没有任何存在感。

我升入中学之后，莫名其妙地成了学校乒乓球俱乐部的一员。可即便如此，每日放学后，我在学校体育馆的一角默默地抽打着小白球，依然还是一个没有什么存在感的人。加入乒乓球俱乐部这件事也并没有让自己阳光起来。

我既没有什么朋友，也不招异性待见，甚至进了乒乓球俱乐部也没能让自己的运动技能有什么长进。

彼时，正值青春期的我试图在学业方面加把劲，觉得只要成绩好，也许能得到一些女生的青睐，至少是关注。我依然以惨败告终，

自始至终都没能沾上哪怕一点点异性缘。

好在努力有所回报，我考上了一个还算不错的高中。

随着年龄的增长，我决定学吉他，觉得这会是一个博取异性缘的契机。我做了一个连自己都觉得不可思议的决定：既然要学，就学那种最令女生疯狂的重金属音乐！然而，结局一如既往：我还是没能在女生们的心中拥有一席之地。

也许在她们眼里，我木讷的个性、平凡的外表和重金属音乐实在是太不搭了。这个特长非但没有给我加分，反而大大减分，更加突出了我的平凡乃至平庸。

我的家境对那个时候的日本人来说还是相当不错的。在小学一二年级的时候，我们家搬进一栋三层别墅居住。这种独楼独院的居住条件在那时的大阪市内还算比较少见的，我们家因此也算得上小康之家了。

只不过好景不长，小学四年级的时候，我们家又搬离了那栋别墅，搬进了一个普通的高层住宅楼。对于这次搬家，当时年幼的我还没有什么感觉，只是觉得挺好玩、挺新鲜。可上了中学之后，我才逐渐意识到，这是家道中落的表现。

我们家的经济情况一路恶化，逐渐从中产小康之家变成了底层贫困户。

成年之后我才知道，那时之所以要搬家，是因为父母欠下巨债，为还债不得不将别墅卖掉，举家开始租房生活。

进入高中之后，家里的经济情况更为窘迫了。双亲为金钱的事激烈争吵也成了家常便饭。至于零花钱，我必须靠自己勤工俭学、外出打工赚取。不仅如此,我辛苦打工挣来的钱,也只有很少一部分能归自己,其他的全部都要补贴家用。

也许你会好奇我们家道中落的背景和原因。

前面也曾提到过,我爸是个自营业者(S象限),有一间私人建筑设计所。开始生意还是不错的,他赚到了一些钱。后来,他的生意越来越差,设计所的经营不得不靠负债维持。最终,总负债金额居然高达1亿日元!

这使我意识到,恐怕我的大学学费要自力更生了。既然如此,我的选项便只剩下一个,那就是无论如何也要考上一所国立大学^①!

我开始挑灯夜战,拼命苦读。天道酬勤,我终于考上了一所国立大学。

·没钱交学费,连毕业证书都没拿到

问题是,上国立大学也并非免费。为了筹措学费,我还得继续勤工俭学。于是,我只能一头扎进那暗无天日的打工生活里。我每天天不亮就出门,深夜才回家,白昼对我而言都成了稀罕物。

由于打工占用的时间太多,我经常无暇顾及学业,难得去学校一次。我因此没交到什么朋友,甚至差点留级。

屋漏偏逢连夜雨。正在我拼死拼活为学业、为生计打拼时,日本发生了震惊世界、永留史册的阪神大地震。

---

① 在日本,国立大学的学费远低于私立大学。——译者注

那一年，是1995年。

我所在的那所国立大学成了难民们的临时避难所，再加上城市的交通系统遭到地震的严重破坏，已不能维持正常的线下教学秩序。学生们只能居家学习，所有科目的考试均改为提交专题报告。

对出勤少的我来说，这种情况反而有利于我。由于专题报告都是开卷形式，只要临阵磨枪便很容易过关，我总算拿到了足够的学分（必修科目的基本分值），成功避免了留级。

总之，那些日子里，我拼命地学习，终于凑够了足以从学校毕业的学分。

…………

但是，在毕业典礼的那一天，我没能拿到毕业证书。

为什么会这样？

说来惭愧，因为大学四年最后一个学期的学费，我没有交上……

全班、全系乃至全校，只有我一个人……

羞愧、无奈、沮丧，那时的心情简直无以言表。我看着周围手捧毕业证书拍照的同学们，恨不得找个地缝钻进去。

我只好在毕业典礼之后更加拼命地打工、更加拼命地赚钱，同时把自己的生活费压至最低，终于补交上了学费，拿到了迟来的毕业证。

这一回，我算是正式毕业了，结束了难忘的大学生涯。

常言道，否极泰来。人不可能永远倒霉，正如不可能永远走运一样。这句话用在我身上简直再合适不过了——毕业后，我幸运地被一家世界知名上市企业录取，成了令同学们艳羡的大企业的白领。

遗憾的是，我却依然没能摆脱家道中落的命运。正式上班还没满一个月，双亲便让我去借200万日元给他们。

于是，我跑了四家消费者金融机构①，费了好大劲凑够了这笔钱，将其交到父母的手里。

除了借钱之外，我每个月的工资基本上也都是全数上交，甚至连奖金都给了他们。

"为什么我会生在这样一个家庭？"坦白说，我那个时候的心里极不平衡，甚至会对父母产生恨意。可是没办法，尽孝乃每个人的义务，我只能将这样的生活继续下去。有的时候，我甚至会想："也许我这辈子就这样了，不可能有任何改变了，这就是我的命……"

还是那句话：否极泰来。人生就是这么神奇，在你最绝望的时候，人生总会出现转机。

正当几近绝望之时，我遇到了一本奇书——日裔美国人罗伯特·清崎所著的《富爸爸穷爸爸》。

不可思议的是，这本超级畅销书早已席卷全世界多年。我居然晚了那么多年才读到它。

现在想来，我的潜意识也曾被那些常识所束缚，对自己动手改变财运这件事有着潜在的抵触情绪，所以我才会对那本书不屑一顾吧？或者，即便在那样的状态下我看到和读到了它，我恐怕也会不以为然吧？

总之，无论怎么说，这还是命运的安排。我在身处绝境、悲观绝望之时与这本书相遇。可以想象，彼时的我读完这本书的心情。那种

---

① 民间借贷公司，其业务以高利贷为主，且往往有黑社会性质。对一般人来说，不到万不得已是不会找这种地方借钱的。——译者注

感觉简直可以用"大梦初醒"来形容：啊！原来这个世界上还有这样的想法，还有这样的活法！我怎么就不知道呢！

我立马意识到：我按照此书指出的方向和方法去做，或许真的有成功的机会！果能如此，我的人生就能彻底逆袭！

理想很丰满，现实很骨感。这才是世界的常态。书中的世界和现实的世界之间，有那么大的差距。尽管看完书之后的某个瞬间，我会产生某种错觉抑或幻觉，会觉得这个差距很小很小，会觉得成功唾手可得；可一旦回到现实中来，我会猛然意识到这一点点差别其实是天壤之别，而成功依然是天边的月亮，可望而不可即。

·遇到人生的贵人，实乃命运的安排

在悲观绝望、几近放弃人生的时候，我幸运地遇到命中的贵人——那位我曾一再提起的创业导师。

他是我朋友的朋友的朋友。换言之，彼时的他与我的关系是不折不扣的陌生人。

当时，他只有27岁，算是我的同龄人。可两个人的境遇却有着天壤之别，仿佛身处两个不同的世界：一个是穷困潦倒、家道中落、意志消沉的打工人；另一个则是身家过亿，同时运营着多家公司，每年的慈善捐款对普通工薪族来说都是天文数字的青年才俊。

我们年龄相当，却境遇迥异。这个颇为残酷的现实令我敏感地意识到：我绝不能错过这个人，绝不能错过这个机会！

所以，头一次见面，我便毫不犹豫地提出了自己的请求："我愿拜您为师！今后请多多关照，不吝赐教！"

令我意外的是，对方并没有立马应承下来，而是用委婉的语气对我说："先别急着拜师。好好想一想，想好了再来！"

我回到家中，和父母商量了这个事。果然，这件事遭到了他们的强烈反对。"你怎么知道对方不是骗子？"他们说。

父母的心情可以理解。他们知道生意场的险恶，况且自身的生意也以失败告终，留下一堆公司里的烂摊子不算，还把家里搅和得不得安宁。他们怕了，有心理障碍了……这些我完全可以理解。

但是，正因为他们在生意和家庭生活方面的失败已经连累到我，令我苦不堪言，所以，我深知，如果不能勇敢地开辟出一条新路，而是继续这样不死不活地混下去，继续困在这样的家庭氛围中无法自拔，我肯定会重复双亲的失败的人生。而这一点，对当时只有24岁的我来说，是绝对无法想象的。

一番思索后，我果断地决定搬离这个家。我临走时对父母说的最后一句话是："就当没生过我这个儿子吧！"

打那以后，我狠下心来，坚决不向家人透露自己的新住所，到最后甚至连父母的电话都不接。

就这样过了两周，我再次约见创业导师，真诚地表明心迹，终于成为他的门下弟子。从那之后，我就是在导师的创业塾里不断地学习，不断地做课题，不断地实践……

三年。整整三年的时间，我一边以工薪族的身份在公司上班，一边周末为自己的创业做准备，成为周末创业族。

我替双亲从消费者金融那里借来的200万日元，由于年利率高达30%之多，仅偿还每年的利息已令我捉襟见肘，我根本无力偿还本金，所以这笔债几乎原封不动地长期压在我的身上。

我的周末创业生涯就是在这样的债务重压下起步的。

一方面要还债，另一方面又要创业，两者都需要钱。不惜一切代价去挣钱再一次成了我的当务之急。我只能白天去公司上班，晚上去居酒屋刷盘子，每逢周末继续我的创业梦。

可即便如此拼搏，整整两年过去，我的梦想却依然只是梦想，与现实相差十万八千里——我倾注全部心力苦苦经营了两年多的创业项目，业绩依旧平庸，没有什么起色。

26岁那一年，我遭遇了本书开头时所描述的那一幕。

·"说！你小子的爹妈跑哪里去了？"

正当我为生计焦头烂额的时候，我姐打来了那个电话。"爸妈连夜逃走了！"她说，"他们去追阿公阿婆，也就是咱们家的亲戚。估计他们跑到东京去了。所以你那里闹不好也会有不速之客找上门来，千万要小心啊！"

放下电话的瞬间，我的大脑一片空白，不知如何是好。

原来，双亲为那两个亲戚的高利贷做了担保，后者由于还不起钱，又不堪催债人的骚扰，干脆跑掉了。双亲没有办法，也只能跟着跑掉。

果然，第二天一大早，两个凶神恶煞般的壮汉打上门来，揪着我的衣领恶狠狠地问："说！你小子的爹妈跑哪里去了？"

我确实不知情，毕竟和父母断绝联系很久了。于是我便一再重复："我真的不知道他俩去哪里了！你们与其在这里缠着我，不如去找警察！我愿意陪你们一起去！"

眼看从我这里实在得不到有用的信息，再加上惊扰了左邻右舍，那两人只能放开我，骂骂咧咧地离开了。

这次事件极大地刺激了我，令我下定决心，无论如何也要干一点名堂出来！

我要改变的不仅仅是自己的命运，还有双亲的命运、家庭的命运！

我暗暗发下毒誓：当找到父母的时候，我一定要把足够的钱放到他们的手上！

· 突破年收入一个亿的"小目标"

又过了一年，我的创业项目终于有了一些起色，每个月给我带来的收入跨过30万日元的大关。这个数字已经超过了我在公司打工的月薪。于是，我决定辞职，彻底放弃工薪族的身份，做一个创业者。

彼时，我已知道了双亲的去向，并从自己做生意的钱中拿出一部分来，汇到了他们的账户里。

29岁那一年，我的月收入又迈上一个新台阶，跨过100万日元的门槛。

同一年，32岁的创业导师也迈上了自己人生的新台阶——达成年收入过亿的目标。

这件事又给了我很大的刺激："啊！原来年收入过亿真的有可能

实现！"

既然与我年纪相仿的人能够实现这个目标，我为什么不能？

榜样的力量是无穷的。亲眼见证自己身边的人实现目标，给我带来的动力之大无以言表。

"导师能在32岁年收入过亿，我自己在40岁之前年收过亿应该不难吧？"

我要在40岁之前年收入过亿！定下这个目标几乎是瞬间发生的事，可我心里却有着满满的底气。

又过了两年，31岁的我和一位叫理子的姑娘结了婚。我与最爱的人生伴侣开起了夫妻店，共同创业，一直到今天。

39岁的我终于实现了年收入过亿的人生小目标。

这一路奋斗过来，各种磕磕绊绊没少发生。可无论怎么说，没有导师的存在，实现上述的每一个目标都将极其艰难，甚至完全没有可能。对我的这段人生旅程来说，导师的存在是具有决定性意义的。

每当我近乎山穷水尽的时候，他总会鼓励我，为我指明前进的方向，并给予我克服困难的力量。尤为难得的是，导师本人也和我一样，曾是不折不扣的工薪族，属于典型的现金流象限左侧的人群。换言之，我们有着相似的年龄，也有着相同的背景，而这一点对我的成功来说实在是太重要了。

假设我的导师天生就是象限右侧的人，他出身富豪世家，是人们常说的那种含着金钥匙出生的人，那么，当时的我肯定不会如此义无反顾地跟随他走上辞职创业这条路。

如果我们俩分属两个世界，彼此相隔太远，我们就不太可能成为对方人生的参照物。

所以，如果你也有幸碰到一位曾经和自己处境相同或相似的人生导师，你万万不可错过机会，一定要好好盯上他，牢牢地抓住他！

　　顺便说一句，这里所指的人生导师，未必需要开一个创业塾，未必需要有自己的学生和公开课。只要他是一个成功的商人，人品正派且经历与你相似，他就有可能成为你的贵人和导师。

打小抄、模仿、"山寨"

"人是环境动物。"

这句话想必没人会感到陌生。

比方说，之所以你的日语极其流利，堪称完美，是因为你爸妈说日语，你周边的所有人都说日语，你生长在一个充斥着日语的环境中。

所以，日语是你的母语。这个"母"字从本质上来说就是你所处的环境，而与你的出身无关。换言之，你如果出生不久便移民美国，身边全都是说英语的金发碧眼的老外，处于那种环境当中，你的英语也会无比流畅，丝毫不亚于土生土长的美国人。

人们无时无刻不受到身边人的影响，不受到环境的影响。

正因如此，我在本书中才会一再地提到导师的存在以及重要性。没错，对任何人来说，导师的存在都实在是太重要了。

这是从根本上决定了人生走向的问题，甚至可以说是事关生死存亡的问题。

导师的存在**决定你所受的影响从何而来，也就是决定人生的"影响源"**。

据说，"学习"这个词的词源就是"模仿"。

我的创业导师曾一再跟我讲："如果是学校里的考试，那么打小抄是不被允许的，是典型的作弊行为。可是人生这场大考则不同，它允许你打小抄，甚至鼓励你打小抄。

"所以，至少在我这里，你可以尽情地打小抄、模仿和'山寨'！不，我要纠正一个词，不是'可以'，而是'必须'。你必须不惜一切代价疯狂地打小抄、模仿和'山寨'！一直到把我彻底榨干为止！否则，我这里你就算白来了！"

初听导师这段话时，我感到很诧异。这倒不仅仅因为导师直白的表达方式颇有些离经叛道，而且因为他所表达的观点与我的既有认知完全不同。

在那之前，我一直以为创业这件事基本上与创新无异，一定要有新意，一定要与众不同。换言之，你必须想一个别人没想过的点子，走一条别人没走过的路。否则，成功的可能性无限接近于零。

然而，事实却截然相反。

·这个世界上真正成功的人，大多起家于模仿与"山寨"

我们以常见的"连锁经营"或"加盟店经营"模式为例。

这就是典型的以模仿为基础的经营模式。这类系统没有任何独创性可言，完全是"山寨"的集大成者。

它就好像细胞裂变，一变十，十变百，百变千……

这样的例子不胜枚举。事实上，你去过的大多数咖啡店（比如星巴克）、24小时便利店（比如罗森）和快餐店（比如麦当劳、肯德基和吉野家），采用的全都是这种经营模式。

它们之所以这么多，是因为运转良好；如果运转不灵，也不会这么多。

所以，结论就是：创业这件事从"山寨"、模仿起家，其成功率要远高于原创。

从某种意义上讲，世上所有的生物均起源于寄生，因此全部都是复制品。这当然也包括人类。正如我的创业导师所言：人生这场大考是允许甚至必须打小抄的，如果不这样做，你不可能及格。

可见，导师存在的意义就是为你提供打小抄、模仿和"山寨"的对象。

日本将棋名家羽生善治曾说过这样的话："但凡拥有在某个领域做到极致的意志与信念，哪怕是极其年轻的后辈，他也能像在高速公路上飙车一般，在极短的时间内迅速达到某种程度和境界，成为专业选手。"

不光东方的将棋、围棋，甚至包括西方的国际象棋，在棋类的世界里，初出茅庐的无名小将一举战胜大名鼎鼎的老将的案例不胜枚举。这成为一种常态。

这便意味着，"专业"这两个字未必需要历经常年打磨才配拥有；只要有意志、有决心，不信邪，肯努力，再有一位好导师，十来岁的少年也可以成为专业人士。

这就是模仿和"山寨"的力量。由模仿前辈获取的能量将是极为惊人的。

这将令你一举驶上智慧的高速公路，以最高的效率、最快的速度达到前辈们所处的位置。然后，前面就没有现成的路可走了，速度就会慢下来——这意味着从今往后，你就需要靠"原创"谋生了。

看见了吧，这才是"原创"应该出现的最佳节点。

你不用从一开始便急着去原创，它不是你能急得来的，它的出现需要酝酿，需要时机。

重点是，真正的原创其实往往源自"山寨"。这就是老瓶装新酒的经典创业逻辑。

你先投身一个旧事物，在旧事物中学习本领，积累经验，发现不足，再进行改进，这些改进逐渐积累下来，就会产生质变，催生出一个全新的事物。

这才是创新的本质，这样的创新本身就是原创。换言之，世上几乎没有什么好东西是凭空出现的，全部是脱胎于旧事物、旧环境。后者是前者的母体，前者是后者的延续。

这就是进化论的逻辑。

比如说，汽车的诞生，是源于对马车不足之处的改进；电子商务的诞生，是源于对实体商务局限性的改进及拓展；电灯的诞生，也与蜡烛和煤油灯的缺点息息相关。我们可以想象一下，如果当年德国人卡尔·本茨不熟悉马车，美国人贝索斯和中国人马云没有在实体商务的领域打拼过、煎熬过，美国人爱迪生没有长期使用过蜡烛和煤油灯，他们又怎么能研发出一个崭新的事物，并由此彻底地改变了世界的面貌呢？

所以，我想说一句肺腑之言："你如果想登高望远，放着巨人的肩膀不踩，非要自己一遍又一遍去做徒劳无功的尝试是愚蠢的。"

正如我在前面提到的那样，模仿意味着踏上前人用智慧铺就的高速公路。你如果想开辟一条新路，至少要先把眼前的这条路走到头。那个时候，你就能自由发挥了，因为前辈们已经帮不了你了。剩下的路，要靠你自己走。

但是，在那之前，你放着现成的路不走，是愚蠢的。理由很简单，你将注定输在起跑线上——当别人开着跑车在高速公路上飞驰的时候，你却赶着马车。怎么可能有胜算？

诚然，开拓精神对一个创业者来说无比重要，但这里有一个重要前提：你工具箱里的工具已经全部用完了。

·确定一个贵人即可，宁缺毋滥。之所以这么说的两个理由

你想让自己创业成功，唯一的办法就是，去找一个已经创业成功的人，跟随他，学习他，模仿他，把他视为你的创业导师。

重点是，你在达成你的最终目的之前，一定要确定一个人。没错，只需一个人就够。

为什么创业导师只需确定一个人呢？有两个以上的导师岂不是更好吗？

显然，答案是否定的。

之所以这样说，有两个理由：

其一，决定成功的要素有许多，必须当所有的要素全部齐备的时

候，你的努力才会有结果。

其二，如果你有两个以上的导师，不同的导师会给你不同的建议，有些建议是截然相反的。这就会让你迷茫，进而分散你的注意力，浪费你的宝贵时间，最终延长你的奋斗周期，降低你的成功概率。

下面，我就来详细地讲述一下这两个理由。

其一，决定成功的要素有许多，必须当所有的要素全部齐备的时候，你的努力才会有结果。

举个例子。

现在，两位创业导师辅导你的项目。其中一位导师叫"张三"，他教给你的成功法则有三条，分别是A、B、C；另一位导师叫"李四"，他传授给你的创业经验也有三条，分别是D、E、F。

每个成功的人都有自己独到的经验和信条，都有一套独立的剧本。这是创业的常态。

那么，为什么说正因为你有两个师父，成功的概率反而会更小呢？

理由很简单。

因为张师父的A、B、C是一个完整的系统，必须将其全部拿下，才有可能收获果实；同样的道理，李师父的D、E、F也是一个完整的系统，必须全部搞定，才有成功的可能。

问题在于，当A、B、C、D、E、F同时出现在你面前时，你就不淡定了。你的选择也许会是A、B和E，也许会是C、D和F，总之会凌乱，最后哪套系统也凑不全。这也就意味着哪件事也搞不定，哪位师父的成功也无法复制。

就是这样一个逻辑。

可见，选择太多等于没有选择。只有脚踏实地、从一而终，你才能获得成功。

创业其实和理财一样，都必须具有基本的哲学修养，必须明白——贪婪是成功的大敌。

其二，如果你有两个以上的导师，不同的导师会给你不同的建议，有些建议是截然相反的。这就会让你迷茫，进而分散你的注意力，浪费你的宝贵时间，最终延长你的奋斗周期，降低你的成功概率。

这一条就更好理解了。

举个例子。你是一位职业拳击手，周一到周三去A练功房训练，周四到周六去B练功房训练。

A练功房的A教练对你说："攻击是最好的防守！你要尽可能地攻击，尽可能逼近你的对手，压迫他，击打他！让他尝到你铁拳的厉害！"

B练功房的B教练却会对你说："防守是最好的进攻！拳击这项运动最忌讳的就是轻举妄动，给对方留下破绽！你务必和对方保持距离，务必伺机而动。千万不可让对方有机可乘！"

显然，两位教练说得都对。他们教你的都是各自的绝招，是各自的职业生涯积累下来的宝贵经验。问题在于，他们的建议截然相反，会引起你内心的混乱。你到底应该听谁的话？到底应该怎么做呢？

正因如此，真正的职业拳击手是不可能同时拜两位师父的，至少不会拜基本理念完全相悖的两位师父。这是所有职业选手公认的常识。否则，你很难成为职业领域里的冠军。

当然，在你把某位师父的绝招彻底学会，并通过无数的练习将其推至炉火纯青的境界之后，你完全可以去博采众长，你甚至完全可以总结出一套全新的理论，开创一个全新的门派，让自己成为一代宗师，就像当年的功夫之王李小龙一样。

奇怪的是，如此简单的逻辑，一旦被放到创业这件事上，许多人就会犯晕。他们会理所当然地为自己选择三四个师父，去三四个理念完全相悖的"练功房"操练。

如此这般，怎么能期待创业最终成功呢？

即便能成功，你的创业路上也会出现太多本不必出现的障碍，让成功的到来一拖再拖。这实在是得不偿失。

日本有句谚语：船长越多的船，越容易撞冰山。

诚如此言。

在你创业的第一步，在你赚到人生的第一桶金之前，你要牢牢地确定一位导师，一个师父。

不要只挑"好的"拿，要拿就一锅端

　　"菜谱这个东西，没必要照单全收，只把最精华的部分学会就行了！"

　　以这样的心态做料理，你恐怕很难做得地道，很难做出美味。

　　厨艺如此，创业亦如此。

　　导师存在的意义，就是要时不时地跟你说一些你不爱听的话。

　　如果有两位以上的导师，你便有很大的概率按照自己的喜好做选择："张师父的某句话不适合我，而李师父的某句话很适合我。所以，还是按照李师父说的去做吧！"

　　重点是，你还总能为自己的这种行为找到极佳的借口，从而令自己毫无心理负担——张师父说的那句不适合我的话，恰恰也是李师父反对的！

　　其实，你如果能一直听李师父的建议，同时彻底屏蔽掉张师父的声音，依然有相当大的把事情做成的概率；问题是，如果下一次，李师父说的话你不爱听，而张师父说的话却格外顺你的耳，你很有可能还是只选择你爱听的话。

换言之，你的问题其实不在师父身上，而在自己身上。对你而言，师父的存在其实并不重要，自己的感觉才真正重要。你完全按照自己的喜好，而不是师父的指点行事，这就是你一直无法成功的根源所在。

你之所以不是导师，就是因为后者的经历和经验与你截然不同。他们的肺腑之言你很有可能不爱听，因为你从未经历过，所以很难理解，很难接受。

这是常态。

只有彻底理解这个常态，按客观规律做事，你才能最终取得成功。

总之，**越是你不爱听的话，越有可能是你的突破点。**明明这是一个宝贝，你却弃之如敝屣，实在是太可惜了。

我经常听到这样的疑问："你为什么选张三，而不是选李四做你的导师？"

我的回答是："不是徒弟选师父，而是师父选徒弟。这就好比参加选秀活动。到底谁能被选上，谁能最终出道，决定权在主办方，而不在选秀学员。换言之，决定权在选择的一方，而不是被选择的一方。所以，作为被选择的一方，你别无选择，只能严格遵照对方的意愿去做事。为了让自己能入对方的法眼，你拼尽全力即可。至于其他的事，你不该操心。"

学习成功的法则，并没有你想象中那么简单。天下没有免费的午餐。

举个例子。日本有不少非常成功的专业咨询公司。他们要价不菲。你想得到这些机构的专业指导，每个月花100万日元或更多的钱，绝对是极其平常的事。

注意，我这里说的费用是每个月，而不是每年或一次性费用。

所以，你如果能遇到性价比极高的机会，遇到一位合格的导师，那绝对是你的幸运，请务必珍惜，切不可挑三拣四。

就拿我个人来说，我当年遇到师父的时候，并没有给过他个人一分钱的咨询费。即便上他的创业课，我也仅仅是与同伴们分担了课堂的场地费而已。

换言之，这个钱不会进入导师的腰包，他的教学是完全免费的。

即便是这个钱，也完全是一种仪式、一种礼貌而已，是同学们自愿缴纳的。导师并不缺这点小钱。事实上，自从跟着师父学艺，我们没少占他的便宜。比如说，外出旅游或去豪华餐厅用餐，全部都是师父请客，我们这些弟子从来不用花一分钱。

当然，这些都是陈年往事了。现在和师父聚会的时候，弟子们也会抢着付账，不敢再占师父的便宜。我们一来是为了报师恩，二来是因为现在也确实有钱了，付得起账了。从师父的角度讲，让弟子们付账也是一种认可，是为了让弟子们有成就感——当然，也会让他自己有成就感。

不过，实事求是地说，我们从来不曾认为占师父的便宜是理所当然的。

但是，我在刚认识师父的时候，心里还是有些顾忌的。那时的我深受世间常识所累，对一些不合常识的事情真的很难接受。

"就这样毫无保留地相信他，真的没问题吗？"

我的心里颇有几分犹豫。

那时的师父面对刚认识不久的我，也会表现得分外亲切和热情，几乎毫无保留地将其所知告诉我。而对他的亲切和热情，我却开始怀疑他的真实目的。

"他到底想干什么？到底图我什么？我该不会被骗了吧？"我越想越疑惑。

不过，我后来又一想："一个月收入超过300万日元的人去骗一个月收入20万日元的人，即便成功了，又能怎么样？又能骗到多少钱？与之相比，他一旦被警察逮住，损失岂不是更大？这绝对是不划算的买卖呀！"

这么一想，我心里就踏实多了。我从此安下心来跟着师父学艺。

总之，你想要实现的人生目标已经有个人实现了。这个人就在你的面前。如果连这一基本事实都信不过，你这辈子就别想遇到人生的导师了。

·如果比尔·盖茨邀请你和他一起卖草帽，你会怎么做？

机会这个东西，不能凭个人喜好来选；它根本没的选。

机会选择你，而不是你选择机会。这一点你务必要清楚。

工作，不是"做什么"，而是"和谁做"。

饭局，不是"吃什么"，而是"和谁吃"。

旅行，不是"去哪里"，而是"和谁去"。

这些都是机会。

如果孙正义或比尔·盖茨向你发出邀请："跟着我一起去卖草帽，如何？"你会怎么做？是否会因为草帽这个东西实在上不了台面而断然拒绝？

不管你怎么想，我肯定不会拒绝，一定会欣然接受，并深感幸运。

理由很简单。你是否喜欢草帽，是否对它真正感兴趣，是否想卖草帽，这些事情一概不重要。真正重要的是，你能够和孙正义、比尔·盖茨这种级别的人一起工作，这件事本身有意义——极其重要的意义。

当然，这个意义并不在于对方是名人，能满足你追星的心理，而在于这是个千载难逢的机会，能够让你学到极致的工作方法和专业知识。

反过来说，假设有一个人专程跑来邀请你和他一起开一家五星级酒店，这个人昏庸无能、刚愎自用且人品低劣，他不能让你学到任何东西，反而会把你带进沟里，那么，即便他倒贴钱让你陪他干，这件事情你也不能做！

总之，工作是什么，不重要；和谁搭档，才真正重要。

对当年的我来说，无论是导师还是同学，我都发自内心地尊重，发自内心地信赖。我相信，如果那个时候，导师建议我们这些弟子和他一起组团去摆地摊卖草帽，我们当中不会有任何一个人反对。

换言之，我们只要和彼此信任的事业伙伴在一起，做任何工作都是美好的。

凡事皆有风险。事实上，有的时候，你什么都不做的风险要比做点什么的风险更大。

就拿我个人来说，我之所以能有今天，就是因为勇敢地迈出了创业的第一步，勇敢地承担了创业的风险。否则，今天的我将是什么样的命运、什么样的遭遇，简直无法想象。

当年的同事始终守着社会的常识，固执地认为，老老实实地在公司里打工是最保险的，没必要单枪匹马地去外面闯荡。

于是，他们选择长期守在现金流象限的左侧，试图过安稳的日子。可后来的结果又如何呢？他们中的许多人惨遭解雇，不得不再找工作。而新东家的薪水还不如老东家。收入少了，房贷和其他生活费用却一点也没少。这些同事现在的处境与心境，恐怕不用我说，你也猜得出来。

说起来，这也可以理解。

现金流象限的左右两侧，确实隔着一堵墙。这堵墙的名字叫恐惧。当人们恐惧时，人们最常见的反应当然是踌躇。

理由很简单。左侧象限的人，是"出卖时间换取金钱（薪水或营业收入）"；而右侧象限的人则是"以钱换钱"，换言之，是自己先出钱。

无论是做生意，还是投资，人们的起点都不是获取金钱，而是投入金钱。象限左右两侧的人的钱的走向是截然相反的。这一区别至关重要——它意味着未知，是大多数人恐惧的原因。

问题在于，这些人没有看透事物的本质和基本逻辑。一旦真看明白了，他们就不会恐惧了。

让我们看看下面这两个流程：

E、S象限：出卖时间获取金钱—使用金钱—金钱减少或消失
B、I象限：投入金钱—金钱增加—使用金钱

你想想看，最终谁的风险更大？

这还不是重点。真正的重点在于，上述两个流程都有无限循环的特质。在这无限循环的过程当中，各自的风险系数还会经历巨大的波动和变化。最终，前者的风险肯定要远大于后者。

理由很简单，前者的风险指数曲线一定会遵循这样一个发展轨迹：平时波动很小，冷不丁到来的大波动让曲线直线向下；重新拉平曲线要耗费很长很长的时间，甚至永远拉不平。

而后者则不同。它的发展轨迹会是这样的：最初阶段会有一些明显的波动，但大体上不会太剧烈（除非有人孤注一掷，在毫无心理准备和专业知识的前提下倾囊而出。而这种事发生的概率并不高，否则就不存在所谓恐惧的问题了），随后波动率会降低，幅度也会变小，曲线逐渐变得平滑起来。重点是，即便发生了较大波动，重新拉平曲线所用的时间会相对较短，这是其与前者本质上的不同。它解释了为什么富人、生意人即便遭遇失败，重新站起来也是一件相对容易的事；而穷人则不同，一旦摔倒就再难翻身。这一大家见怪不怪的社会现象的根本原因就是这样。

如果你想从根本上摆脱风险，你就要想方设法从象限左侧移到右侧去。

我的建议依然是：找一个人品正派、事业成功的生意人，拜他为师。当然，你先不要辞职，而是骑驴找马，边学边干。你一边挣着死工资，一边做自己的项目，不断积累经验。

在最初阶段，你先不要把太多的热情倾注在挣钱这件事上，因为希望越大，发力越猛，你就越容易失望，越容易放弃。

"成功"这件事的85%，是由什么决定的?

问你一个问题，你是否知道或者听说过 " Be-Do-Have " 的概念?

直译过来，这个概念的含义是: Be（成为）-Do（作为）-Have（拥有）。但我将其解释为: Be（存在方式）-Do（做法）-Have（成果）。

我从24岁开始创业，至今整整19年了。这19年中，我在现金流象限的右侧一路摸爬滚打，结识了不少成功人士。这些人几乎无不以 " Be-Do-Have " 理念为其人生观，在这个理念的支撑下一路走到今天。

当然，这群人也包括我自己在内。

对现在依然在象限左侧的人来说，想移至象限右侧，他们的第一要务不是做什么，而是想成为什么样的人。

也就是说，与Do（做）相比，Be（存在方式、自我价值认知）更为重要。

美国哈佛大学的一项研究成果显示：人生的成功抑或失败，有85%是由每个人自身的"它"决定的。

现在问题来了，"它"到底是什么呢？

别忘了，这可是天才扎堆的哈佛大学做的研究。答案肯定不同寻常，你千万别往浅里想。

是IQ（智商）吗？不是。

是DNA（基因；脱氧核糖核酸）吗？不是。

那是什么？

答案是：心态。

成功也好，失败也罢，其85%是由每个人的心态决定的。

这正是我19年的创业实践中最大的心得。

从根本上决定人生成败的，既不是Have（你的资源），也不是Do（你的做法），而是Be（你的态度、心态和姿态）。

我们这个世界上有三种不同的活法或者说人生观，它们分别是：

Have-Do-Be（确定Have）

Do-Have-Be（确定Do）

Be-Do-Have（确定Be）

接下来，我们逐一分析以上三种不同的活法，看看会发现什么。

·Have-Do-Be（确定Have）

持有这种人生观的人往往会想："如果我也能有'它'，那该多好！""如果我也能有'它'，本来这个问题是可以解决的！"

这就是他们的基本态度，或者说心态。

"只要有钱（Have），人就能幸福（Be）！"

"只要通过努力学习得到资历和证书（Have），人就能有一个更好的人生（Be）！"

"只要能买到房（Have），人就能有一个幸福的家庭（Be）！"

"只要能买一个名牌包（Have），人就能让别人高看自己一眼（Be）！"

"只要能找到一个意中人（Have），人生就圆满了（Be）！"

…………

他们把人生的结果（Be），与他们渴望拥有的东西（Have）紧紧地连接在了一起。当然，后者决定前者。

问题在于，事情的真相真是如此吗？

其实，仅仅从上述这些与人生有关的描述来看，你就会感觉不对劲。

你的直觉是正确的。理由很简单，这样的人的问题在于：当把关注焦点对准"拥有（Have）"的瞬间，他们便已经形成了一种极富依赖性的思维模式，即"如果没有'它'，我便不能幸福"。

这样的人生，这样的态度，岂不是过于消极了吗？如此消极的人生有多大的概率能够成功呢？

总体而言，此类人的人生观可以用以下等式表示：

没有钱=人生失败，幸福幻灭

没有学历=头脑不好，至少不够聪明

没有资历和证书=一无是处，无法在社会立足

没有男女朋友、配偶=无人问津的单身狗，属于社会上的异端

总之，"如果没有'它'，我就无法确认自身的价值"，"我如此不堪，简直就不该活在这个世界上"，这样的消极思想会逐渐演变成一种执念，深深地折磨着他们。**这种活法一是太累、太苦，二是即便如此，也于事无补。**

这就是一个死循环。

一句话，这都是心态问题。

"如果有了'它'，我就能幸福"，"只有物质才能给予我幸福"，此类想法是绝对错误的。它们都是幻象，会把你带进沟里。

·Do-Have-Be（确定Do）

我们再来看看拥有这种人生观的人是怎么想的。

"只要我做了，我就一定能幸福！"这是此类人的典型心态。

"只要能做自己喜欢的工作（Do），我便迟早能赚到钱（Have），迟早能为自己赢得一个理想的人生（Be）！"

"只要能做自己喜欢的事（Do），我便会心情愉快（Have），获得满足（Be）！"

"只要能结婚（Do），我便会拥有家庭、子女（Have），从而得到幸福（Be）！"

问题在于，事情的真相真的是这样吗？

讲一个真实的案例。

我有一个朋友，他从小酷爱按摩，做梦都想开一家自己的按摩店。大学毕业后，他义无反顾地跑到一家有名的按摩店就职，经过几年的努力，有了一家自己的按摩店，实现了少时的梦想。

由于工作太拼，他的手指已经严重变形，工作时常常灼痛难忍。他只好时不时地将手指泡在冷水里降温止痛，勉强维持店里的工作。

这样咬牙奋斗了几年，他确实赚了不少钱，店里的生意相当不错。可他也完全失去了自由，冷落了家庭，心情一直不大好，后来甚至产生了抑郁的倾向。

终于，他的手指坚持不住了。是放任自己手指残废，还是关店歇业？他选择了后者。

"不可思议！曾经那么喜欢的东西，我现在想起来就恶心！"他后来对我说，"我这辈子都不想再碰'按摩'这个东西了！"

听了他的遭遇，你还能理直气壮地说"只要干喜欢的工作，我就一定能幸福"吗？

当然，干喜欢的工作并幸福了一辈子的人也不少。我并不想否认这一点，只不过，形成执念就会成为问题，这是我想强调的重点。

就拿我的这位朋友来说，无论他多喜欢按摩这个事业，他也不应在一棵树上吊死。假设当他把自己的店做成之后，能够顺利开连锁店，从亲手做变为间接指导，从按摩师傅变为企业老板，他的生活又会如何呢？

首先，他的钱会更多；其次，他可自由支配的时间会更多；最后，他的家庭会更幸福，身体也更健康。这样岂不是更好吗？

果真如此，他本人也不用与自己最爱的按摩手艺做彻底切割，他完全可以通过技术指导以及少量的亲自服务适度参与。这样做更容易将这项爱好保持一辈子，而不会半途而废，乃至心生厌恶。

换言之，他需要做的依然是从现金流象限的左侧跳到右侧。而这件事需要他从一开始便想明白；从一开始便找准定位、明确态度，真正知道自己要成为什么人，要得到什么结果，也就是要率先确定这个"Be"。这才是当务之急。

可惜的是，我的那位朋友没有这么做。他的人生观给他规定好了另一种思维模式，那就是把"Do"放到绝对优先的位置，其他都是"Do"的结果。

两相对比，你想要哪种思维模式呢？你又是哪种呢？

你如果从来没想过，现在就想一想这个问题。这真的有好处，关键时刻能挽救或逆转你的人生。

开饭馆也是许多人创业时比较容易想到的项目。你如果也有志于此，我还有一个故事可以与你分享。

这依然是一个发生在我身边的真人真事。

我的家乡大阪府北新地有一家各路名人都会经常光顾的超一流中华料理店。而我本人的弟子当中（我也继承了导师的衣钵，决心将他的事业延续下去），有一个小伙子曾在那家店做了10年大厨，一直干到副料理长的职位。要知道，这个职位在业内可是仅次于店长的二把手。可是，他却对我说了这样一段话："有一个前辈自己开了家店。他和我一样，刚开始也是在别人的店里打工，足足奋斗了15年。他每天都与炒锅打交道。后来，他攒了点钱，又从银行借了点钱，终于圆了自己的开店梦。

　　"现在，为了早日还清贷款，他依然每天在自己的店里挥汗如雨，不敢有半点松懈。看着他的样子，我觉得非常迷惘，禁不住问自己：人活一辈子到底是为了什么？仅仅是为了颠一辈子锅吗？这种自我怀疑真不好受！"

　　其实，我这个徒弟的疑问很好解答：当不具备足够的经济实力而勉强创业时，你就会遇到这样的事。你将被迫疲于奔命，从早到晚片刻不得闲。

　　当然，你如果是真心喜欢厨艺，这也未必就不算人生美满。问题在于，你开店的初衷是挣钱，否则没必要冒险，在别人的店里打工照样也能满足自己这个爱好。既然你是为了挣钱，你历尽千辛万苦开了这个店，它却不能给你挣钱或挣不了多少钱，那显然这样的结果就与你的初衷完全相悖了。

　　创业的目的不是满足你的爱好，而是符合你的人生状态、提升你的生活质量，即实现真正意义上的财务自由，做一个真正有钱又有闲的人。

　　这就意味着，创业与爱好能够兼得固然好，可兼得不了也没关系，只要以前者为重即可。重点是，即便两者能够兼得，你也不能过度关注爱好本身，进而忽视了创业的目的。你一定要把创业进行到底，不得到终极自由，誓不罢休。

这就和人的健康一样。你喜欢吃垃圾食品，当胡吃海塞之后，你会变得更健康吗？

如果不会，那么对你而言，哪个更重要？

还是健康吗？所以，健康才应该是你追求的终极目标。为此，你必须尽力控制自己。如果身体完蛋了，你有再多喜好也没用。

有一个经典的悖论：哪怕是为了吃更多的垃圾食品，你也要尽量控制自己，少吃一点垃圾食品。

换言之，为了健美的体形，你喜欢吃什么不重要，真正重要的是该吃什么，吃什么东西能让你更健美。为了做到这一点，你必须首先弄明白自己的理想状态是什么，终极追求是什么（Be）。这才是你的第一要务，是必须在第一时间确定的事情。

饮食如此，创业亦如此。

对有志于创业的人来说，你完全对自己的喜好不管不顾，当然不对，但是过度关注自己的喜好则是一个陷阱，千万要小心。

举个例子。

许多人认为，投资股票或信托基金是发财的捷径。问题在于，你如果只玩股票、基金、不动产、公司债和国债，其实很难发财，甚至完全发不了财。

为什么会这样？因为你的思路或思维模式有问题。

你只模仿了那些投资大亨的行为，却不知道人家的思维模式，这就是死路一条。只有行为，而没有思考，你的行为就是无本之木、无源之水，你不可能达到目的。不夸张地说，在这种情况下，即便那些投资大佬把他们的投资标的或投资清单毫无保留地告诉了你，你也发不了财。人家能赚得盆满钵满，你则很有可能血本无归。

比方说，人家买了某只股票之后能够见好就收，而你则不能。既然赚到了钱，你怎么可能轻易收手，一定会投入更多钱。然后，随着股价暴跌，人家及时离场赚了大钱，你则被牢牢套住。

再比方说，人家是拿出自有资金的一小部分炒股，能够处变不惊、进退自如，而你则很有可能孤注一掷，必然错误选出。最后的结果还是不一样。

这就是差距，这就是思维的魔力。

找对象也是如此。

现如今，为了找到理想的爱人去参加相亲活动的人不少。这些人满脑袋想的都是如何才能找一个称心的对象，即满足自己所有条件的对象（确定Do）。很少有人会想，如何才能让自己成为令意中人满意的对象（确定Be）。

这就是典型的思维禁锢。一个人在婚恋市场上屡战屡败，最后不得不放低条件，凑合着嫁娶，也便是一个合乎情理的结果了。

这个逻辑实在是再简单不过的了：与其一厢情愿地去追求一个可望而不可即的对象，不如努力增加自己的筹码，让自己成为一个配得上对方的人，这样一来，你成功的概率岂不是要高十倍百倍?

明明主动权可以掌握在自己手里，你偏偏要放弃。我不知道这种脑回路是怎么形成的。

不仅是恋爱，婚姻生活也是一样的。

已经结婚的人，或多或少都有个毛病，那就是想改变对方（确定Do）。因为这个而吵架甚至离婚的情况也并不少见。问题在于，很少有人会认真地考虑：为什么不先改变自己（确定Be）？

改变对方，充满了不确定性；而改变自己则简单得多，完全在你的掌控之中。

如果想改变对方，你一定要打消使对方先改变（确定Do）的念头。你不妨先从改变自己对对方的认知（确定Be）开始做这件事，这样绝对能事半功倍。

·Be-Do-Have （确定Be）

与上述两种思维和行为模式相比，Be-Do-Have（确定Be）是一个成功概率更高的选项。事实上，绝大多数成功人士都是这种人，他们普遍持有这种思维模式和价值观，并且能够贯彻始终。

"只有那些能够通过努力满足自己（Be）的人，结婚（Do）之后才有可能获得美满的家庭（Have）。"

"因为我是那种能够给家人带来幸福的人（Be），买房（Do）能让家人和我自己更幸福（Have）。"

把Be作为最优先事项的人，其事业、家庭乃至整个人生都不会太差。

反之，对Be不屑一顾的人，那些只知道与Do死磕的人，即便能获得一时的成功，也会很快归于平凡。换言之，他的成功不可能长久。

这件事已经一再被历史证明。

总之，**一流的思维模式才能带来一流的结果。**

日本的"棒球之神"铃木一朗的故事想必大家都知道。

作为他的骨灰级粉丝，我对他的敬意无以言表。

如果你也是他的铁粉，你不妨试着想象一下：假设把铃木君的球棒送给你（Have），你能像他那样"挥棒如有神"吗？

肯定不会。

这一点很好理解。那么，下一个问题：

如果模仿他的打法，甚至完美复制他的日常训练内容（Do），你就能打出他那样的好球吗？

恐怕也不行。

为什么会这样？

铃木一朗之所以是铃木一朗，是因为他有着超一流的职业素养（Be），即超一流的职业理想、超一流的职业信仰、超一流的职业意识，以及超一流的认真度、投入度、缜密度，还有超一流的自律、执着与坚韧不拔的精神……总之，他的人生建立在所有这些超一流的水准之上（Be），这样才会有今天的铃木一朗。

不夸张地说，铃木君只要能永葆初心、矢志不渝，坚持这样的思维方式，即便退役，他的人生也将是一片光明。因为无论投身于哪个行业，这样的人都必然会成功。

当然，这个世界上没有十全十美的人。我自己也不完美。正因为如此，我们才需要拜师，跟着师父学本领、学做人，不懈地训练自己的思维方式。

如果从Be-Do-Have模式中单独取出大家容易偏执的"Do"，那么，这里就会剩下"Behave"这个词。它的词义是行为。一个人只要明白了自己要成为一个什么样的人，他的"行为"便会自然发生。

换言之，你如果真想成功，就必须先把行为搁置，把目标放在首位，然后靠目标本身去催生行为、引导行为。这才是成功的正道。

遗憾的是，大多数人的想法截然相反。他们总是喜欢先从行为入手，走一步，看一步，看他们的行为到底会把自己引向什么样的目标。

他们把目标看成了行为的结果，而不是行为的导航。

每个人都有自己的坚持，都希望按照自己喜欢的做法去获取成功，这样的想法完全能理解。问题是，如果你的执着能够为你带来成功的话，你早就该成功了。之所以迟迟无法成功，就是因为你的执着是错的。既然如此，大胆取舍便是当务之急。

当我创业成功，来我这里咨询成功之道的人也越来越多。

我发现，他们中的多数人都只对成功的做法（Do）感兴趣。

"干点什么才能像你一样挣这么多钱？"

"你都是怎么做的？能不能教我两招？"

你看见没有，全是关于"Do"！

正因如此，到我这里来的人都想学一两个绝招。

这样的人即便能取得一时的成功，也很难一直成功。

事实上，尽管书店里的成功学书籍铺天盖地，世界上的成功人士依然少得可怜。这就意味着，这些书看了也是白看。

买书的人关心的都在"做"上。他们赚钱心切，恨不得看完书之后，马上就能赚大钱。

导师曾经对我说过这样的话："中野君，你的愿望是什么？是想无拘无束、自由地做事，还是想成为无拘无束、自由的人？

"如果是前者，你可以遵从自己的内心，以自己喜欢的方式做自己喜欢的事；不过我要提醒你，这样的活法很难给你真正的自由，反而有可能彻底圈住你，让你最终失去所有自由。如果你的目的是最终获得自由，成为一个自由的人，你就必须改变你的活法和做法。也就是说，你不可以做'喜欢'的事，只能做'应该'的事。如果这些事刚好也是你自己喜欢的，那当然最好；可即便你不喜欢，你也必须做。这一点，你务必要从一开始便想明白。

"总而言之，你如果想要自由，便一定要做好'接受不那么自由的人生状态'的心理准备！世间的'自由'大多是由'不自由'换来的。"

导师的一番话，令我受益终身。

你不以"是否喜欢"为依据做事，并不是说，绝对不能做喜欢的事。而是说，人生苦短，人们完全没必要用"喜欢"的绳索去限制无限的可能性与创造力。

一个人好不容易来人间走一遭，何必挑挑拣拣地过日子？全部拿下不好吗?

你怎么知道自己不喜欢的事就必然搞不定或对你没帮助呢?你忘了"有心栽花花不开,无心插柳柳成荫"这个道理了吗?

也许,你心心念念的东西会让你一无所有,而不屑一顾的东西会带给你想要的一切。

你如果真的搞清楚了自己的"Be",就不会对到底该做什么,以及如何做,有那么多的偏执、不解了。

还有一种情况。你遇到了自己钟爱的事情,难道也不能做或者立马做吗?

我的回答是:最好也不要立马做,而要好好想想这件事到底会把自己引向何方,然后再决定做的时机和做的方式。

否则,你很有可能一股脑地做下去,直至最后坠入深渊。

我在前面举的那两个例子,也就是按摩师和厨师的案例,便是这种情况的典型。

顺序很重要。"Be"一定要在"Do"的前面,而不能相反。

哪怕仅仅是为了能够长期地、持续地、尽情地做自己喜欢的事,你也要先把喜欢的事放一放,先去做应该做、必须做的事。这样你才能挣到钱,真正实现财务自由。一旦成了自由身,你就可以无拘无束地做一辈子自己喜欢的事了。

就拿我个人来说,以我现在的身家,我想做什么都行。无论是开一家按摩店、料理店,还是卡拉OK店,对如今的我而言都不再是什么难事。

事实上,我确实在东京新宿区开了一家高级餐厅,今年的销售额已经过亿。重点是，那家餐厅由专业团队替我打理。我现在依然有大把的时间和精力去做其他生意，打理自己的家庭和业余爱好。

所以，你不妨和我一样，变得贪婪一点。人生仅此一回，何必挑挑拣拣，何不全部拿下？

切记，成为自由的人，才能自由地做事。把这句话当成你的座右铭，你的人生将从此刻改变。

团队就是一切！以自己为起点，组织一个社群

人和人的缘分是由什么造就的？

一个字：人。

就像我在前面提到的那样，我与导师最初的缘分就是"朋友的朋友的朋友"。换言之，我们曾是不折不扣的陌生人。

认识他，是我的幸运。我们之间的缘分最初也是非常浅。如果我们当时没有认真地经营，缘分早就消失了。

幸亏，我没有这么做。相反，我紧紧地抓住稍纵即逝的机会，拼命编织这根脆弱而易断的缘分的红线，将其越织越粗，越织越长，越织越结实，以至达到几乎用剪刀也剪不断的程度。

我个人的经验是：缘，妙不可言。它是一种灵感、一个直觉，很有可能稍纵即逝。一旦灵感来了，有感觉了，你万万不可轻易放过那最初的信号。你一定要主动出击，将其紧紧攥住。

面对缘分，你要主动。你一定要上门去找它，而不能等着它来找你。

如今的社会里，人情淡薄已成主流。别说陌生人，即便是邻居、亲戚，大家彼此之间的交流也少得可怜。

在这样的环境中，主动与只有一面之交的陌生人交往，对大多数人来说似乎都不是一个可选项。现如今的人们在缘分面前都太麻木、太胆怯、太消极了。

极富讽刺意味的是，尽管当今社会越发冷漠，商业上的成功却越发依靠社群化的经营模式。这就意味着，谁的社区大，谁的人数多，谁就更容易笑到最后，成为最终的赢家。

所以，社群是你必须主动选择的。

现在问题来了：到底如何做，才能主动地选择社群呢？

首先，你必须理解"社群"的概念。所谓社群，是一个场域的概念；所谓场域，与气场、影响力有关。只有成员间彼此影响的场域，才能构成社群。影响力越强，社群越强，且越有效率。

重点是，一个人要影响他人，谈何容易？建立影响力的正确顺序永远是：**先接受别人的影响，再去影响别人**。这个顺序千万不能错。

具体到创业这件事情上，影响力的建立遵循这样一个逻辑：首先，你要确定影响力的来源，也就是接受影响的对象。这个人就是你的导师。你先进入他亲手构建的，已拥有强大影响力的场域（社群），比如私塾或他的朋友圈、弟子圈。你在那里废寝忘食地学习、模仿。这正如当初的我一样。

接下来，在你自己羽翼渐丰，也具备了一定的影响力之后，你可以着手构建属于自己的社群和场域。这时，你便可以自由发挥了，因为周边已是自己的天下。

从结论上说，社群=团队。一个人无论多么有天分、多么强大，其能力与精力也是有限的，所以，仅凭一己之力绝对无法成事，必须依靠团队的力量才能终获成功。

一句话：选择自己干活的人，是个体户；选择团队干活的人，才是老板。

就拿世界知名公司——美国苹果公司来说，尽管史蒂夫·乔布斯确实是百年一遇的天才，他仅凭一个人的力量也不可能造就"苹果"的今天。首先，在创业初期，他便不是一个人。斯蒂芬·沃兹尼亚克——这位乔布斯的合伙人，对"苹果"的诞生与成长有很大的功劳。

这颗诱人的"苹果"熟透之后，推出了无数风靡世界的创新产品。iPhone、MacBook、iPod、iPod touch、iPad、iTunes等等，所有这些产品都非乔布斯一个人创造的，而是其手下的专业团队的杰作。

不可否认，这些产品部分来自乔布斯的灵感，甚至得到乔布斯本人严苛至极的直接把关；即便如此，没有团队的通力合作，天才的灵感也将是幻影，绝对不可能变成实物。

至于我个人，亦是如此。

我既没有乔布斯的天分，也没有沃兹尼亚克这样的大神级队友。我的身边只有一群普通人，只有一个普通的团队。但即便是这个由普通人组建的团队，也令我无比强大。这便是团队的力量。每个人都不完美，包括我本人在内；每个人都各有长处和短处，如果大家能聚在一起，彼此取长补短，最后形成合力，团队就是完美的。

团队建设最重要的环节，依然是"Be"。只有事先明确目的和价值观，团队的建设才有意义和效率，也才能更长久。

当然，人际关系也至关重要。

·不要召集人过来，而要让人们因你的魅力自然而然地围过来

对我个人来说，每当想做点什么的时候，我总会感慨自己当初做对了一件事——始终把社群建设放在首位。

我在东京新宿区有一家自己的高档餐厅。为运营这个项目，我组织了一个30余人的团队。我对团队成员的基本要求是：性格开朗、积极向上、精力充沛，且必须拥有独立思考的能力。那种持有"只要干好工作就行，其他的都无所谓"的观点的人，我是坚决不用的。

一般来说，餐厅老板最缺的就是专业人才。而我非常幸运，无论是干餐厅还是干别的项目，几乎从未因缺少人才发愁过。我甚至从未搞过任何公开的招聘。

我团队里的人都是怎么加入的呢？

他们都是从我常年苦心经营的社群中来的。换言之，我的朋友圈足够大，所以，每当我需要用人，总会有社群成员主动现身，加入我的队伍。

这就是我的幸运。当然，这份幸运源于最初的睿智和持续的行动。

换句话说，这份幸运是通过我自己的策划与执行而来，是我亲手构思与创造出来的。

不是我自夸，我构建团队的能力与效率，向来都会惊到其他老板。无论是新老板，还是成熟的老板，他们都对我的这项才能感到不可思议。

我自己知道个中的缘由与辛苦。24岁那年，我跟着创业导师学会了构建团队的方法，并且始终对人们之间的缘分倍加珍惜。

经常有人问我："自己构建团队，不难吗，不累吗？"

实话实说，这件事很难，也很累。可尽管又难又累，这件事却充满了乐趣与价值。

想想看，与陌生人相遇、相知，直至价值观趋同，彼此协作共事，共图大业，是一件多么有趣、有意义的事情！

每个人的梦想和目标也许不同，但是，这些人一旦走到一起，能在彼此影响的场域中逐渐趋同或求同存异，向着同一个大目标稳步迈进。这件事真的非常有意义，非常有价值。

所以，团队的核心人物非常关键。这个人只要拥有明确的愿景，那么，只要他登高挥旗，就必然会吸引有共鸣的人集结在他的麾下，成为他的同路人，并共同构建起强大的团队。

当然，人不是机器，会有情感，也会有情绪。人们彼此之间产生矛盾乃至冲突，也是完全正常的事情。正因如此，人与人之间的相处才有趣、有意义，才会在碰撞摩擦中产生火花、灵感、友谊和人生戏剧。作为当事人，每一个人都会受益于此，进而收获人性的成长与人格的魅力。

人们之所以会聚到一起，就是被人的魅力吸引。**作为团队的核心，你需要做的不是招揽人，而是通过散发魅力，让人们被你的气场吸引，自发地聚到你的身边。**

要如何做才能具有这样的魅力呢？

答案很简单：首先，你要有你自己的愿景，且这个愿景必须是明确的，必须具有一定的高度、广度和深度。然后，你必须拿出实际行动去实现它。这样一来，你的挑战精神会吸引别人，而你的战绩也会说服别人。

对我来说，与战友、团队的缘分是一生的财富。

无论多大、多牛的企业，无论这些企业曾经如何横扫市场、风靡一时，兴衰变化的客观规律，它也逃不掉。

你肯定无法保证，10年后，你的公司还在。你甚至无法预知，20年后，你所从事的职业是否还在。

但是，人与人之间的缘分则不同。这个东西非常结实，除非当事者要亲手挥刀斩断缘分。否则，缘分便一定会与你们相伴终生。

你不妨问自己一个严肃的问题："我到底有多想与更多的人结下一生之缘？为达到此目的，我到底能做点什么，又应该怎么做呢？"

財富思維7

向这个世界上最强的社群——华侨取经

我们做一个假设。

假设在你的私人社群或朋友圈里，有一个人开了一家酒吧。

如果你想陪朋友、同事或客户去喝酒的话，你大概率会选择这家由自己社群里的人开的酒吧。

与其去一家陌生人的店，你不如去一家熟人的店。这是一般人都会遵循的思考与行事逻辑。

同样的道理，如果你那位社群同人开的不是酒吧，而是拉面店或其他的什么店，你也会这样做。

总之，亲朋好友开店是件好事，一般人都愿意去捧场，哪怕价格稍贵一点也无所谓。这是一种人情。

普通人如此，生意人亦如此。

你不要小看这一点。任何创业者的第一桶金都与它有关。

_ 160

·生意伙伴的生意，就是你自己的生意！在这件事情上，不要吝惜金钱

说起世界上著名的有钱人群体，其代表首推华侨。

据说，海外华人有一个共同的特点：对自己吝啬，对朋友慷慨。

他们认为：花给朋友的钱，不是从自己的钱包里消失了，而是转移到了朋友的钱包里。

换言之，钱并没有被花掉，而仅仅是做了位移。其逻辑与储蓄、投资没有什么两样。这就意味着，对华侨来说，朋友的钱包就是自己的钱包，给朋友花钱，就是给自己花钱。这些钱迟早会回来，而且是加倍奉还。

这就是中国人世世代代信奉的金钱观：千金散尽还复来。

日本也有类似的谚语，那就是"金钱乃天下循环之物"。对海外华人而言，这里所指的"天下"，想必就是战友、社群同人，也就是我们常说的所谓人脉网。在这个庞大、复杂的网络当中，一般都会有一位德高望重、众望所归的核心人物。以他为中心，人们织出一个庞杂的网络。这样的一张网络可谓密不透风、坚不可破。人们称其为天下，算得上实至名归。

可见，"金钱乃天下循环之物"并不是一句抽象的谚语，而是经验之谈。在这个独特的"天下"里，人们彼此帮助，互相花钱。人们互相帮得越多、花得越多，就会得到更多的帮助、更多的钱。最后，大家一起变成了有钱人，共创"天下"基业，共享"天下"财富。

说起华侨，大家很容易想到唐人街。

不知大家发现了没有，世界各地的唐人街里有一个非常有趣的现象：那里既有不少生意兴隆的店铺，也有许多生意惨淡的店铺。可无论生意多么惨淡，唐人街的店也很少倒闭。

为什么会这样？据说，那里的店铺都能够得到社群强大的支持。

这就是为什么金钱会在"天下"循环的道理。这样的循环越活跃，"天下"就越稳固。最后受益的人，是"天下"每一个人。

这样的"天下"，你也想拥有吧？方法也不难：选择一个成熟的别人的"天下"加入。等羽翼渐丰之后，你再去筹建自己的"天下"。重点是，即便有朝一日你有了自己的"天下"，你万万不可与老"天下"断了联系。

第五章 **能赚一个亿的人，其金钱观是什么？**

FIVE

财富行为1

为什么越是富人，越会俯身捡拾路边的小钱？

2019年，由日本金融广报中央委员会组织实施的"关于家庭（含单人家庭、丁克家庭）金融活动的舆论调查"揭示了一个这样的结果：对老后生活感到担忧的日本人占比高达85.6%。其中，"缺乏足够的金融资产"这一条占绝对优势。

特别需要提到的是，在60岁以上的老年人群体中，金融资产保有额的平均值为1335万日元，中位数则为区区300万日元。这意味着，日本的老年人口中，金融资产的持有情况差距极大，绝大多数人都到不了平均值。即便这个平均值，也就是区区1000余万日元，依然谈不上有多保险。对高消费的日本来说，有这点钱的人可能连小康水平都够不上。可以想见，那些远低于1000万日元，乃至只有区区300万日元的人，老后生活会是一种什么水平。他们恐怕连温饱都够呛。重点是，300万日元依然是中位数，意味着，还有大量老年人的金融资产远不及这个数，甚至零资产的人也为数不少。这些人的余生将如何度过，实在是难以想象！

要知道，随着医学科技的发展，人类的寿命已越来越长。甚至有可能在不久的将来，活过100岁会成为一种社会常态。

与此同时，可悲的是，经济与人们的收入却依然处于停滞不前的状态，非但不会再有任何改进，反而有可能进一步恶化。想来也是一种必然，毕竟老人多了，劳动人口和社会生产力便会刚性减少，自然对经济的发展和收入的增加是一种负面影响。

由此，我们便可以很容易想象到，在这越发艰难的世道中，在这越发漫长的人生中，如果一位老年人的余生只有区区300万日元的金融资产，他的生活会怎样。

事实上，日本政府已经给出了一个令人颇为惊心却相当权威的数据：如果一位老年人退休后仅凭年金生活，那么假设他退休后的余生还有30年，其生活费总额将存在高达2000万日元的缺口！

换言之，一位老年人的退休金将养不起他本人！

当然，他退休后依然可以去打工。问题在于，他能坚持打工到多少岁？80岁，还是90岁？

这就是残酷的现实！今天的日本就是这样的现实！

让我们想象一下，如果政府债台高筑、入不敷出，不得不选择增税（这是大概率事件），增税的幅度是两个百分点，这样对那些富裕阶层的家庭来说，想必不会出现衣食之忧。但是，对其他一些群体而言，恐怕情况就会有天壤之别。那些人几乎是零储蓄，本来生活已经极其艰难，在这种情况下还要额外缴纳两个百分点的税，恐怕就事关生死了。

如此这般，现今社会的贫富差距已越拉越大，社会整体的贫困率越来越高。这实在是对老龄化社会的莫大讽刺。

理由很简单，所谓老龄化社会，照理应该是富裕国家的标签，是经济发达的产物，在这样的社会里，人们本该越发幸福，享受到更多的福祉与利益才对，可现实却完全相反。

政府的处境也异常尴尬。社会的老龄化进程似乎没有停止，这令福利资金的支出无限膨胀，社会保障网络的维持越发艰难。社保资金池里的水只出不进，迟早有一天会彻底枯竭。万般无奈之下，政府也只能开源节流，增收减支。这就意味着，除了政府加税之外，现在的少得可怜的退休金也将逐渐削减，且领取退休金的年龄还会逐渐提高——老年人的处境将越发艰难。日本人的前途布满阴霾。

其实，你如果现在已经退休了，就还算幸运。那些正在职场一线打拼的中年人和年轻人，其处境可能还不如你。不信的话，你看一看你的邻居，甚至你自己的家里，数一数到底有多少年轻人正在家里啃老，与你们这代人分食乃至争抢本已极其有限的养老金资源。

现如今，年轻人的处境也非常艰难，以至于"年轻人贫困"这个词已成为几乎所有发达国家普遍共有的社会流行语。

想想这些年来你看过的电视、报纸和网络新闻的头条吧！非正规雇佣（钟点工、派遣工、临时工）大幅增加，终身雇佣寿终正寝，企业的大规模改革重组（解雇）措施势在必行，工薪族跳槽风盛行，越跳槽薪资越少……

这就是职场现实，这就是年轻人的现实。

所以，能够从公司光荣退休，能够至少相对稳定地每月去政府部门领取一定金额的养老金，已经是莫大的幸运了。而现今这些年轻人老了之后，他们是否还能平安无事地退休，退休之后的生计又如何，完全是一个未知数。不对，这也许是一个已知数，是一个已注定的结果……

事实上，现在的日本年轻人已经极其抵触缴纳退休保险了，需要政府不断地动员乃至威胁才能勉强缴纳。这就是现实的明证，且是一个恶性循环。

不夸张地说，现在的你即便是一个有产阶级，有不菲的储蓄或其他金融资产，这些资产大概率也会逐渐损耗，在不知不觉中离你而去。当然，我指的不是被你正常花掉。

对焦头烂额的日本政府来说，他们现在唯一能做的事就是扩大内需，振兴经济。问题在于，对一个每年人口自然减少40万人以上的人口负增长的国家而言，对一个现如今老龄人口已经远超少儿人口的垂垂老矣的国家而言，扩大内需谈何容易！

这不过是纸上谈兵罢了。

有人说：少子化和高龄化会倒逼社会创新，非但不会对生产力有害，还能够大幅刺激生产力的发展。少子化和高龄化是发达国家的"专利"，而发达国家本身就具有强大的创新能力，所以完全不用担忧。

我却对此持截然相反的观点。对现在的日本社会而言，拒绝冒进、维持现状的保守势力掌握着话语权。这是日本社会的结构性问题，可谓举世皆知。而一个社会一旦陷入这样的结构中，将很难自拔。

日本社会的现实是一个明证。现在的日本哪有什么创新，哪有什么增长？两个百分点的增长率都很难实现。

日本人只能眼睁睁地看着自己陷入越发困窘的境地却无计可施。没错，贫困就像一个幽灵遍布日本的大街小巷，每一个日本人都深陷其中无法自拔。这便是当今日本人的宿命，也是日本这个国家的宿命。

权威机构的调查结果显示，考虑到日本人现在的平均储蓄金额，假设他们遇到"炒鱿鱼"之类的不幸事件，一时间失去了稳定的收入，那么，他们从失业到再就业的这个过程中，其储蓄能够支撑的时间仅有半年。

一旦超过半年，他们就会陷入贫困。

由此可见，大多数日本人一旦失业，其储蓄根本就无法维持超过半年。而且，相当多的人恐怕在失业当月便会立马陷入贫困。

这才是事情的真相。但无论是半年，还是一个月，人们只要陷入贫困，往往很难逆转。贫困就像地狱，一旦陷进去，便会愈陷愈深，直至无法自拔。

具有讽刺意味的是，日本明明是讲究自由、民主的国家，天天鼓吹人人生而平等，可是那些最不愁钱的人、富得流油的人，银行却天天想要借钱给他们；而真正的社会底层、真正的穷人，哪怕给银行跪下来，也别想借到一分钱。

没钱的人、生活困窘的人，是没有油水可捞的，甚至没有任何信用（指金融意义上的"信用"，与人的品德无关）可言。

这就是资本主义。

从某种意义上讲，越是所谓的小钱，便越会显得无足轻重。因此，越是小钱，人们往往便越容易轻视。

不是有这么一句话？越是穷人，越慷慨；越是富人，越吝啬。

不少穷人过着"今朝有酒今朝醉"的日子，一有点钱就立马花掉，视金钱如粪土，完全不知储蓄为何物。

这些人看起来好像有点自暴自弃，可是往深里想想，却未必如此。事实上，他们的问题不是自我放弃，而是对金钱无感。之所以无感，就是因为这点钱金额太小，他不会觉得它很珍贵，自然不会珍惜。

· 再小的钱，也能积少成多

我想问你一个问题：如果走在路上，不小心从兜里掉出来一个一块钱硬币，你会俯身捡起来吗？

我再问一个问题：如果走在路上，看到地上有一个别人掉的一块钱硬币，你会去捡吗？

我相信你的回答大概率是否定的。因为对你来说，这一块钱太少了。

你是否想知道大富豪对这件事情是怎么看的呢？

著名的日籍华裔大亨、公认的投资界大师兼畅销书作家邱永汉说："无论地上掉的那一块钱是自己的还是别人的，我都会毫不犹豫地俯身拾起来！"

这是他本人笃信的座右铭和钟爱的口头禅，经常见于其著述和各类采访报道中。

要知道，邱永汉在日本素有"赚钱之神"的称呼，他的一言一行颇具代表性与说服力。

总之，结论一目了然：连一元硬币都不能珍惜的人，他自然也不会珍惜大钱；反之，越是能珍惜小钱的人也越会珍惜大钱。

这就是为什么穷者愈穷，富者愈富。

"俯身捡拾一元硬币"的理念确实是大多数富豪坚守乃至践行一辈子的金钱观。

事实上，全世界的富人圈里流行着一个跟捡钱有关的故事：据说，比尔·盖茨这位曾经的世界首富在电梯里俯身捡起了一枚一美分硬币，高兴得像个孩子。

此外，另一位名震天下的美国大亨上演过同样的戏码。据传，沃伦·巴菲特也曾俯身捡起一枚一美分硬币，并立马将其揣进兜里，郑重其事地说："不要小看这一美分，它的未来将是十亿美元！"

你是否也能发现一日元硬币的价值呢？

中国的先哲老子曾经留下这样一句名言：千里之行，始于足下。

中国古时的哲人荀子也曾说过：不积跬步，无以至千里。

无论多么庞大的财富，都是由无数个一元钱乃至一分钱构成的。

遗憾的是，越是储蓄少甚至完全没有储蓄的阶层，越会忽视这个道理。他们会对掉落地上的一元硬币嗤之以鼻，会对一元硬币的价值完全无感，会心安理得地做一个"月光族"……

总之，对一元钱无感的人，对十元、百元恐怕也无感。可十个一元，就是十元；十个十元，就是百元；十个百元，就是千元……

储蓄的意义就在于此。这就是量变产生质变的逻辑。

储蓄如此，创业亦如此。无论多小、多不起眼的工作，多小、多不起眼的开始，你也应充分重视与珍惜。无论步子多小、多轻，只要迈出第一步，你就已经开始。你的事业将由此起步。

无论是创业，还是做人，一个人切勿好高骛远、眼高手低。你一定要珍惜每一个"一元硬币"。

关于这一点，我的导师曾经总结："中野君，如果一枚一元硬币迷路了，你一定要帮它一把，把它捡起来，放进你的钱包，让它与伙伴重聚。'钱'这个东西是有灵性的，你帮了它，它就会帮你。它会呼朋唤友投奔你，报答你，让你有更多的钱。

"具体地说，'小钱'是'大钱'的孩子。如果'孩子'掉在地上，脏了身体，你要把它清洗干净，恢复其本来的样子。如此一来，'大钱'便会感恩戴德，亲自跑过来跟你道谢。

"假设一元钱的父亲是五元钱，五元钱的父亲是十元钱。那么，五元钱跟了你之后，一定会把它的父亲也叫过来……如此循环往复，你的财富就会迅速膨胀。

"想一想，这一切是从哪里开始的？没错，这是从一元钱开始的。你帮助了金钱家族最小的'孩子'，它是这个家族最疼爱、最宝贝的孩子，那么，它们全家都会感谢你，回报你。一元钱的意义就在这里。"

既然如此，当你也见到路边的一元钱硬币时，你就知道正确的做法是什么了。

这个世界上绝对存在"没有风险也能赚大钱"的投资

　　一般来说，金钱的使用方法主要有三个：浪费、消费、投资。

　　那么，咱们就来一一分析。

　　其一，浪费。

　　所谓浪费，意思是这样的：与你用于消费的钱相比，这样用掉钱的未来潜在利益或好处相对较少。简而言之，它就是无谓的支出。

　　用公式表示，那就是：**花掉的钱＞价值。**

　　毫无必要的奢侈、赌博的恶习等等自不必说，一切存在更划算解决方式的花销，皆属此列。

　　例如，为了面子去买一些负担不起的东西，过多的饮食费、时尚开销，购物时的冲动消费，购置游戏装备，等等，都是典型的浪费行为。

　　对不少人，特别是年轻女性来说，还有一种浪费一定要高度注意，那就是——买了健身卡，却不用。

其二，消费。

所谓消费，是指为了维系基本的日常生活所必须支出的饮食费、水电费、取暖费、日用品费，以及通信费、交通费、医疗费、教育费、休闲娱乐费等等，这类花销统统属于消费。

它用公式表示：**花掉的钱＝价值。**

总之，这些钱是一个人只要活着就必须花的钱。

但消费这一块存在着巨大的节省空间。

如何才能把消费的钱省下来一些呢？

我们不妨养成这样一个好习惯：每隔一段时间，深刻地反思一遍自己的消费行为，看看有没有浪费的地方，有没有可以削减的地方。

相信我，你只要这么做了，一定能省下不少钱。

当然，我们除了节流，更重要的是开源。想要开源，我们就要投资了。

其三，投资。

投资的概念很简单，说白了就是：为了增加将来的资产，投入现在的资产。

从狭义上讲，这件事只与金钱有关，也就是为了得到更多的钱而投入一定数量的钱；而从广义上讲，这件事也可以与健康、知识、能力等有关，为了获得这些方面的收获而投入金钱。不过，无论怎么说，投入是现在发生的事，而收获则发生在未来的某个时间点。

这就是投资的基本逻辑。

举几个例子。

比如，为了升职加薪去补习班学外语，每个月定期去吃大餐以提升身心状态，这些都是投资，且是有效投资，未来的潜在收益都会比你投入的金钱多得多。

再比如，为了提升综合素养购买图书，为了增加人脉参加应酬，为了获得收益购买定额基金理财，等等，也都属于有效投资。

总之，用公式表示，投资就是：**花掉的钱＜价值。**

关于投资，我的导师也曾给我留下至理名言。他这么说："'钱'和人一样，会躲开'浪费'自己的人，会主动聚拢到善于利用自己的人的身边。"

对我个人来说，导师的这番肺腑之言可谓影响深远。自从听到这番话，对书籍费、补习班费，我就从来没有吝啬过。

·每个月向自己投资15万日元

记得有一次，我曾当面问导师："您对股票投资怎么看？"

导师答："我并不想说股票的坏话，不过，如果让你拿5000万或1亿日元去买股票，你会这么做吗？"

我答："应该不会！"

导师："为什么？你觉得股票投资不过是数百万日元的事吗？"

我说："是的，我觉得股票投资的金额就应该是这么多。"

导师颇感吃惊，立马挥了挥手："用这点小钱炒股票是没有意义的，你还是放弃吧！"

现在的我已完全理解了导师当时的说法。理由很简单，无论是哪一种金融商品，在如今的大环境下，投入200万日元，你最多能有3%的回报。这样算来，一年的收益只有6万日元，一个月的收益只有5000日元，确实不够塞牙缝的。

必须承认，通过投资大名鼎鼎的垃圾债（低评级、高风险、高收益的金融产品，也称"高收益债"）日进斗金的人也是有的。问题是，这些人是否有资格夸赞自己是投资高手呢？对此，我个人是有疑问的。他们的行为从本质上讲是投机，而不是投资，其性质几乎与赌博无异。

这样的人用"投资家"形容自己，简直是天下最大的笑话。

我认为，这个世界上绝对存在着零风险、高回报的投资。

这种投资就是自我投资。

与其将大把的钱扔到股市里，你不如用这些钱投资自己。

自我投资，说白了就是投资自己的大脑。脑子里装的东西（当然，得是真正有用的东西）多了，成功和金钱都会不请自来。

如果你想成功，你就买书阅读，参加各种高质量的补习班或演讲会吧！

投资自己的脑袋，有一个好处，就是零风险。

世上如此合算的买卖，不做就太可惜了。

创业最初的那几年，我的状态几近癫狂：疯狂地阅读各种财经类书籍，疯狂地去听各类读书会、讲习班、演讲会，如饥似渴地汲取知识的营养……正因为有了那些日子，我才有了今天。

当时，还是工薪族的我，为省钱使出了浑身解数，将我所理解的浪费现象压缩到无限接近于零的程度。

那时的我每个月算上加班费，大概能到手23万日元，而其中用于自我投资的钱竟达到15万日元！现在想来，我自己都觉得有些不可思议。

要知道，我当时还背负着替父母还债的重担，生活的压力可想而知。可即便如此，我能够将收入的大部分投资自己、投资未来。那段日子几乎是我一生中最充实、最幸福的时光了。

导师曾跟我说过这样的话："对你我这种人来说，贫穷的日子要好好珍惜，因为它实在是太短暂了。你要好好享受你的贫穷。它可以给你的后辈带来无穷的动力，一旦少了这些，那该多可惜啊！"

你如果看好自己的潜力，请务必在风险可控的范围内大胆地投资自己。"由于每个月都能挣到薪水，我如果拿出这个数的话，应该问题不大。"——你以这种金钱观去投资，就犯不了什么大错。

重点是，投资自己所获得的东西，它是真实的，永远也不会消失。

换言之，即便你的公司破产了，抑或你被公司"炒鱿鱼"了，你所失去的也仅仅是一份工作，而不是你的知识，这就是你的底气所在。

只读一本书，你的月薪就能增加1万日元

你如果读了几本财经方面的书籍，并且觉得那些书的内容从头到尾都很新鲜，那么，这肯定意味着你的读书量依然远远不够，还得再接再厉。

比如说，被称为现代管理学之父的美国大师级人物彼得·德鲁克的书、被称为日本经营之神的松下集团创始人松下幸之助的书等等，即便是公认的名作，你看多了之后也会产生一种莫名的困惑，你会情不自禁地发问："这些书怎么如此雷同？怎么一点新鲜内容都没有呢？该不会是互相抄袭的吧？"

其实不然。你如果看完书之后觉得新鲜，那只能证明你的书读得太少，只能看到事物的表象；反之，你如果觉得雷同，那反而证明你已经有了一定的阅读量，开始触碰到事物的本质了。理由很简单，无论是书籍的作者还是出版社，他们都不可能完全靠互相抄袭谋生。

完全没有原创的话，这个产业早就灭亡了。可既然如此，你为什么又会感到自己看到的东西大多雷同，鲜有新鲜感呢？事物的本质不会变化，大体上都是一致的。

当你有了一定的阅读量，开始觉得很多书趋于雷同时，你的阅读就到达了某个层次，从量变走向质变了。

这其实是一件好事，意味着你读的那些书已经变成血肉，真正融进了你的身体，成为你的一部分。你已经透过表象抓到了那些书的本质。

这说明你已经是个阅读方面的内行人，从看热闹变为看门道了。**从外行走向内行由两个要素决定：一个是量的积累，必须有一定的阅读量才行；一个是思考的变化，需要你的思维及时跟上。两者缺一不可。**

可见，要想读书读出精髓来，你必须大量地读、思考和消化，必须不断扩展知识面，积累知识量，改变看问题的视角和广度，这样才能最终成为读书达人。

这就是量变产生质变的逻辑。

以我的个人经验来看，一个人每多读一本书，自己的月收入就有增加1万日元的可能。这就意味着，年收入的潜在增加量将是12万日元。

由此，我们假设作为一个普通工薪族，你的职业生涯还剩下30年，那么，你即便从今天开始读第一本书，仅凭这一本书，你的余生将会多出360万日元的收入！这可不是一个小数目。

想想看，如果你每年的阅读量是十本、五十本，甚至一百本书，这个数字将会如何演变？

我自身的经历就是一个典型的例子。

自从进了导师的师门之后，我爱上了阅读。从那时起，我便暗下决心——每周必须读完一本财经类书籍。这个习惯一直延续到今天。时至今日，我每周的阅读量不少于一本书。对有些好书，我还会反复阅读。

我一周读一本，一个月读四本，一年读大约五十本。如今，整整二十年过去了，我读过的书已经超过一千本，而我的月收入也已经增加到1000万日元以上。

粗略地计算一下，我每读完一本书，月收入就增加了1万日元。

当然，不能在现实生活中派上用场的阅读行为是毫无意义的。你每读完一本书，必须在现实世界中主动寻找应用场景。一旦找到，你就要大胆地试、大胆地用。

相信我，你只要能做到这一点，你投资大脑的每一分钱都会带来回报。

· **信不信由你，你只要读书，就已经赢在了起跑线上**

"我也想读书，可我没时间啊！我整天为了谋生疲于奔命，回到家恨不得一头扎到床上。哪有时间去读书啊！"

我猜到了。对读书这个事，你可能这样为自己辩解。

不过在我看来，这样的辩解看似有理，实则荒谬。这是典型的逻辑错乱，因果颠倒。

理由很简单。你没有读书的时间，是假；你因为不读书，所以没时间，才是真。你明明可以通过读书学到他人的知识与经验，进而让自己少走弯路，多走捷径，尽快成为一个有钱又有闲的人。你偏偏不这么做，偏偏要走自己的路，要自己开辟路。这就等于放着近道不走，非要绕远道。你难怪会没时间。

一本财经类书籍的定价只有区区1500日元！对普通上班族来说，这点钱不算多吧？

总之，认为读书费钱的人肯定无法想象自我投资的巨大好处与回报。这些人之所以缺乏想象力，肯定是深受小时工资的逻辑影响，即只要干一些吃力的事，就必须立马得到回报（时薪）。

显然，这是工薪族特有的思维结构和思考模式。

日本的工薪族，不算派遣工、临时工、小时工，仅算正式工，有3500万人。一本财经类书籍据说只要卖到10万册就算超级畅销书了。做个简单的计算，有不到0.5%的正式工看过这本书，它就算是超级畅销书。

这还是高估的数字。正式工之外的群体也有可能成为这本书的读者。

从某种意义上说，读书这件事本身就具有稀缺价值。换言之，你只要现在开始读书，就立马拥有了这一稀缺价值，等于赢在了起跑线上。

亿万富翁有亿万富翁做事的优先顺序

你现在的优先事项到底是什么，仅从这一点就能立马看出来你的未来将会怎样。

比方说，公司里的工作绝对是最优先的事项，如果你这么想，你未来的人生也将定格在工薪族这个定位上。

如果你现在的最优先的事项是为了改变现金流象限的桎梏而学习与行动的，你将来也许真就能改变自己所在的现金流象限的位置。

总之，人生中最优先的事情，往往就是最重要的事情。既然如此，这件事便一定会自我成就，自然而然地将其自身最大化。

调整人生诸多事宜的优先顺位，你首先要做到的就是两个字：诚实。你务必诚实，对自己诚实。

你只要能做到这一点，事物的重要性的差异便一目了然。你按重要性高低排序，就能得出一个真实的优先顺位清单。

此时，你会发现，真正位于清单头部的事项其实并不多。你只需剔除那些可有可无的多数选项，只将清单前20%中的前20%作为头部，也就是排名最靠前的那4%保留即可。这就是最重要的事情。

这个人生秘诀是我从导师那里学来的。我现在将它免费送给你。

事业小有成就之后，我也踏上了导师当年开辟的道路，开始去日本各地讲学。

在讲学过程中，我经常问学生一个问题："公司的工作和自己的人生前途，哪一个的优先级排序更靠前呢？"

很多人回答：当然是人生前途更重要、更优先了。

但是，他们又说："我现在工作实在太忙，整天疲于奔命，片刻不得闲。什么人生、前途，我没时间考虑，也没有精力考虑。大概三个月之后，我忙过这阵子，应该就有时间认真考虑这些问题了。"

如果我没猜错的话，即便过了三个月，他们也依然会用这套托词。

你公司里的工作是否会有真正稳定下来的时刻，从而令你有时间和精力去考虑将来？

总之，人生的选择里永远不会有"三个月后"这个选项，只有"现在"这一个选项。换句话说，条件齐备、时机成熟之类的前提对一个人的人生而言没有任何意义。即便有万事俱备的时刻，你恐怕也无福消受，因为你的人生即将走向终点。

所以，现在——眼前的这个瞬间，才是你最重要的选项所在。正因为忙，正因为你所谓的没时间、没精力，这件事的本质才更凸显。

人生不是由无数个"三个月后"决定的，而是由无数个"此时此刻"构成的。人生就是关于"现在"这个词的连续剧。

坦白说，改变人生的机会就在眼前。太多人却让无比宝贵的机会一再从自己眼皮底下溜走。这令我惊诧不已。

·为了优先事务，即便天塌下来，也要调整日程表

有一回，一位年轻的女性朋友想跳槽，问我能否给她推荐一个靠谱的职业中介公司。我对她说："刚好本周六晚上我要去参加一个职业技能提升的研讨会，会上有不少朋友是干这行的。尽管名额有限，但是我可以跟主办方打个招呼，给你预留一个名额。怎么样？一起去吧？"

她却说："真不巧，这个周六我要和男朋友约会，真的抽不开身。不好意思啊！下回一定去！"

看来，对她而言，跳槽的优先顺序还不如一次约会。

成功人士的价值观是：**机不可失，时不再来，任何稍纵即逝的机会必须抓住。为了重要的事，他们可以把其他一切事往后推。**

换言之，只有那些能够随时调整事务的优先顺序，在日程表上永远把最重要的事情置顶的人，才能真正抓住机会，取得成功。

就拿前面的案例来说，这件事换成我，我一定会这么做：只要确认了某件事是一个机会，我不用确认日程表，绝对会当场应承下来。当然，如果日程表上还有其他重要的事项，我会事后想办法解决。

这是获得机会的一个重要秘诀。

我一向认为，那些连眼前的日程都无法调整的人，改变人生的概

率无限接近于零。

当然，调整日程并非易事，总是爽约也不是什么好习惯。因此，不到万不得已，你不可轻易为之。

什么样的人、什么样的事，值得你去爽约或调整日程呢？

对我个人而言，导师就是那个绝对不可错过的人。不只有我一个人这么想，我的师兄弟们也是这么想的。

我给大家讲一个真实的故事。

导师的弟子里有一对师兄妹是情侣。拜师之后没过多久，小两口就遇到一件天大的麻烦事：他们举行结婚典礼的日子和导师的一个重要演讲会的日期撞车了！

说实话，对大多数人来说，这个事绝对算不上麻烦。理由很简单，婚礼是人生大事，一辈子只有一次；演讲会今后可能还会有很多次。

可是，这对夫妇却如临大敌，着实烦恼了一番。然后，他们做出了一个让身边所有人惊掉下巴的决定：取消婚礼，择机再办，以参加导师的演讲会为重。

这是一种什么样的价值观，什么样的优先排序逻辑！

事实上，这对师兄妹夫妇11年后也与我一样，成功达成了人生小目标，年收入跨过一个亿的门槛。现在，小两口功成名就，既有钱，又有闲，正享受着事业家庭双丰收的幸福日子。

使用金钱的优先顺序也是同样的逻辑。你是注重眼前的短暂快乐，把钱花在享乐消费上；还是注重潜在收获，把钱用在自我投资上——不要小看这一点差别，这点差别足以决定你人生的方向和结果。

所谓投资，是指花出去的钱将带来巨大的回报。最好的投资、性价比最高的投资永远是自我投资。

自我投资，涉及以下几点：

其一，阅读：大量涉猎财经类书籍。

其二，社交：主动结交已经成功的社会人士。

其三，场域：主动置身于任何可以有效提升自己的场域。

其四，健康：没有健康，再成功、再有钱也没用。

其五，进修：积极参加各类演讲会、沙龙和培训班，不遗余力地打磨自身实力。

其六，其他。

上述事宜，就是你的优先事项。你不妨对照一下，看看自己做到了多少或能做到多少。而这一举动将是你迈向财务自由和人生成功的第一步。

第六章

能赚一个亿的人，其人生观是什么？

SIX

财富观念 1

"机会"这个东西，往往以"霉运"的方式来袭

当你决定做某件事时，身边的大多数人都会忙不迭地否定你，劝你别干，那么你做的那个决定，则很有可能是一个好决定；你面临的那个机会，则很有可能是一个千载难逢的好机会。

换言之，一般人或者多数派的否定是一个明确的标签。这个标签往往能说明你的行动是正确的，照这样干下去，沿着这条路走下去，你的人生便很有可能发生质变。如果你的行动总是能得到大多数人的赞同与支持，你反而应该警惕了。

大多数人对你的支持与鼓励往往是不那么靠谱的，是一厢情愿乃至异想天开的。他们的意见对你来说不大可能意味着"重大转折点"。即便有"转折"，恐怕也是一个坑。

反之，你不被理解、支持，倒符合事物的逻辑：人们没经历过，当然无法理解你，不能支持你。而这恰恰证明你的选择可能是对的。

你将会是第一个亲历者，迎来重大转折的概率也必然会高很多。

说实话，作为过来人，身边的人的目光与意见对一个业界新人到底意味着什么，我完全能够理解。

当年的我又何尝不是如此？刚开始创业时，我对别人的看法和说法何止是敏感，简直是恐惧！

但是，我还是紧咬牙关，一路硬挺了过来。他人的眼光和言论不足以致命，不是吗？无论别人有多讨厌你，抑或在背地里说了你多少坏话，哪怕他们觉得你就是一个奇葩，你也不会死。

从心理学的角度来说，任何一个阻碍你实现自身目标和梦想的人，都可以被称为"梦想杀手"。

比方说，当你对一个人说出自己的目标，对方在你话音未落时便脱口而出："别想了！就凭你？根本没戏！""这件事绝对做不成！"——这样的场面，想必许多人都经历过吧？而能够说出这种话的人，你要躲他远一点，因为他就是你的梦想杀手。

坏消息是，这种人还往往是你最亲近、最信赖的人，是你身边的人，比如父母、单位上司、恋人。他们往往是你想躲都躲不开的人。

坦白说，他们否定你或嘲笑你，初心也许是好的，是为了让你减少损失。

但是，他们的好心里也会潜藏着某种恶意与私心，那就是不容许你过得比他好。这一点甚至连他们自己都未必能意识到。

那么，我们如何才能有效应对梦想杀手的威胁呢？

答案就是：无视。

但是，越是亲近的人，你就越难做到无视。

这个时候，你的毅力、意志就格外重要了。

意志越坚定、毅力越强大，你就越容易做到无视。

梦想是非常严肃的，绝对容不得轻视。

下回，当你在亲友的冷嘲热讽中感到快要败下阵来的时候，你一定要以最严肃的态度好好问自己一句："这真的是我的梦想吗？"

然后，你跟着答案走即可。

当然，你需要对对方的善意表示由衷的感谢。然后，你再礼貌地对他说一句："你的关爱我收到了，衷心地谢谢你。但这件事是我的理想，我不可能轻易放弃，一定会坚决走到底！"

总之，这件事你要处理得非常妥当才好。你既不能破坏彼此的亲密关系，也不能放弃自己的原则。这本身对你也是一个考验。

也许，你依然会有顾虑：我和张三从小玩到大，是彼此最好的朋友！张三阻挠的事，我就很难坚持下去了。你说我该怎么做才好呢？

我的回答也很简单：说实话，我能理解你的处境和心情，但你对友情的理解还是太肤浅了。

何谓友情？何谓挚友？

我们不强求所有的朋友皆为挚友，赞同你所做的一切决定，可至少，对你渴望自我改变的梦想，他应该理解。他不应该去阻挠和破坏。

患难见真情。在人生最关键的节点上，朋友非但不推你一把，还给你使绊子，他就不是你的挚友。

常言道：穷在闹市无人问，富在深山有远亲。此乃人性。换言之，你以为是挚友的人未必像你想象中那么铁。当你真正落魄之时，他们未必会守在你的身边。

你要永远记住，即使失败了，即使不被所有人看好，即使被所有人拒绝或抛弃，你自身的存在价值是不会有任何变化的。你就是你。

对你而言，这种价值非但不会因为失败而有丝毫褪色；恰恰相反，每遇挫折、打压乃至羞辱时，它就会愈摧愈坚。

这就是你的成长。

· "成功"从来没有逃离你，是你自己不断地逃离"成功"

被誉为"现代成功学之父"的美国著名学者拿破仑·希尔博士曾经对三万名男女做过这样一个调查：一个人经历多少次挑战才会放弃？

结论竟然是0.8次。

当然，这是一个平均数。这意味着实际的回答有高有低。换言之，给出的答案低的人恐怕已经到了这样一种程度：目标也许有一个，但是在正式挑战之前，他便放弃了。换言之，他们的挑战次数是0。

勇于挑战的人，其人数极少，但他们的挑战次数却很多，也许是100次，甚至是1000次。

显然，这两类人有着天壤之别，形成如此巨大的差别的原因是什么呢？

答案是：信念。

事实上，被称为伟人的那些人也是和你一样的不折不扣的普通人。他们有一点和普通人不同，那就是，他们明白一个道理——失败不可怕，甚至是好事。一个人不断地失败，最终会成功。

这就是信念。

要想成功，你就必须比其他人经历更多的失败。这才是成功唯一的正解。

所以，关于本文开篇的那个提问，我现在请你来回答：你准备挑战多少次才会放弃呢？

我来大胆地猜一下：10次，还是100次？

沃尔特·迪士尼（迪士尼公司创始人）曾经为了搞定一项关键的融资案，与投资方艰难地交涉了302次；

哈兰·山德士（肯德基创始人）曾经在创业初期经历过1009次失败，并终于在66岁高龄时大获成功，创下百年基业；

托马斯·爱迪生（伟大的发明家）曾经为了发明电灯失败了10000次；

迈克尔·乔丹（NBA巨星）曾经说过："在我的职业生涯中，我曾经有9000次以上的投篮失手；曾经输掉过300场以上的正规比赛；曾经有26次，在一球决胜负，并被球队委以重任时罚球失误，导致球队失败……换言之，我的职业生涯充满了失败，正因为这样，我才会如此成功。"

可见，成功从来就不是从你身边逃走的；事情的真相是，你一次又一次地从成功的身边逃走。重点是，即便如此，成功依然没有放弃你，依然在远方等你。你无论曾经逃过多少回，只要你不再逃，就能得到它。

所以，对待目标和梦想的模式有三种：一种是想实现或者渴望实现，一种是能实现该多好，还有一种是现在就去实现。前两者是愿望，后者是行动。

前两者会被身边的风言风语、冷嘲热讽轻易打倒；而后者则不然，它会视所有的否定、背弃与打击为机会——千载难逢的机会。

没错，机会这个东西非常狡猾，它常常以危机的形式出现，以丑陋的面貌示人。

如果被它吓住了，你就绝对没戏唱；反之，如果你独具慧眼、思想深刻，它会令你如获至宝，欣喜若狂。

除了尽孝之外，尽量不待在父母家

你现在真正实现独立了吗？

动物长大了会离巢。

动物如此，人更是如此。

但是，我觉得，现在的年轻人已越来越难离开父母的保护，越来越难走出自己的家，很难迈向真正意义上的独立。

我觉得从某种意义上讲，成年后长期生活在生养我的家会让我丧失最基本的生存能力，更不要说令我强大了。

为什么会这样？

你一旦回到那里，就可以坐享其成。这就从根本上剥夺了你的生存能力。

事实上，据说长期住在原生家庭的青年男女结婚之后的离婚率会很高。

他们的能力和责任感撑不起一个家，撑不起孩子的生存乃至未来——即便是自己的生存和未来，他们都撑不起，何况孩子？

也许有人会为自己辩解："我不是不想独立，是父母不让我独立。我有什么办法？"

正因为你放弃独立，缺乏独立的能力，你爸妈才不让你独立。这难道不是事实吗？

从法律上讲，人一过了20岁就算成年了[①]。一个成年人拥有着宪法承认的不可侵犯的权利，当然也有必须尽的义务：对家人的义务，对社会的义务，以及对自己的义务。

换言之，20岁的人有着充分的、合法的选择权，做什么或不做什么完全由自己决定，不需要父母的许可。

举个例子。对大多数成年人来说，一个人找什么样的男女朋友不需要得到父母的许可。

说到底，这是你自己的人生。你的翅膀已足够硬，你必须展翅高飞，以完全独立的姿态飞向你的人生目标。

我举一个自己的例子。

我的妻子在25岁的时候认识了我。那时，我既是她的男朋友，也是她的导师。而她也确实一度称呼我为导师。

在我的介绍下，她也拜师于我自己的导师。这让我们成了事实上的同门师兄妹。从那以后，她便搬离了父母家，开始了自己的创业生

---

① 日本法定成人年龄为20岁。2022年4月1日起，日本的法定成人年龄将由20岁下调至18岁。——编者注

涯。在29岁时，她实现了月入百万日元的人生小目标，并与我结为夫妇，至今一直经营着我们的生意。

她经常对一些女性朋友说："女人迟早是要结婚、生育的，正因如此，成年女性的独身时代便显得更为重要。在还没有被家庭与孩子束缚住手脚，还可以自由支配时间的阶段，你要打好自己的经济基础，让未来的日子没有后顾之忧。这绝对是上策。"

在我眼里，妻子一直都是一位高贵的女性。她令我无比钦佩、无比尊敬。无论是为人妻、为人母，还是作为一个女性创业者、企业家，她把每一个角色扮演得游刃有余。

对孩子，我俩的态度从来都是：你想学什么，就学什么；你想做什么，就做什么。我们完全以孩子的意志为主，给予孩子最大限度的尊重。

对我个人来说，无论是为人夫，还是为人父，我也以相同的价值观要求自己、塑造自己。妻子怀孕时，我无论工作多么忙，每次孕期检查从未缺席；孩子上学后，对每次家长会、运动会，我也总是极为重视，绝对是学校里少见的全勤家长。

我之所以能做到这种程度，还是和实现了财务自由有关。我过着有钱有闲的日子，才有足够的精力去打理、经营家庭生活，让家庭生活尽可能圆满、幸福。这恐怕就是许多人向往的理想的婚姻生活。

我能做到，相信你也能做到。

你从哪里起步？你就从你的父母身边起步吧！

你要相信自己的实力，至少要相信自己的潜力，勇敢地去挑战。你要贪婪一点，要把你心中向往的所有美好事物全部拿下。

·下载安装成功者的"常识软件"，把它刻在脑子里

"中野君，工薪族的常识和成功者的常识完全不一样哟！你想成功，就必须接受成功者的常识，把工薪族的常识彻底'卸载'，扔进垃圾桶！"

这是当年导师经常对我说的一句话。

我总结了一下，导师所谓的成功者的常识主要有以下几条：

其一，你立刻从父母家搬出去。

其二，无论是亲生父母、亲戚、朋友，还是恋人、配偶，无论是谁，无论这个人与你多么熟悉、亲近，对他们信奉的常识，你也不要照单全收。你一定要有自己独立的思考、独立的价值观。

其三，遇到事情，你尽量少与家人商量。对越重要的事，你越要如此。

其四，对学校老师教的东西，你也不要照单全收。你一定要有自己的见解。

其五，对大众传媒宣传的东西，你也别太相信。你一定要有自己的分析、自己的视角、自己的坚持。

其六，对互联网上的海量信息，你也应如此。

其七，你要永远做好成为少数派的心理准备，不要害怕因此而失去朋友。

其八，你要改变身边人的构成，尝试着换一个人际圈子，并不断升级这个圈子。

其九，在真正的机遇面前，你一定要敏感、果断。你要尽最大可

能杜绝无预警取消（约好的事情突然不去）的现象，增加无预警参加（不请自来、突然现身）的次数。

其十，只要对自己的人生有利，你跳几次槽都无所谓，不要太介意。

其十一，不凭公司的名气，你要完全靠自己的本事打拼，获得成功。

其十二，仅仅找到一份工作，你不会得到真正的幸福。

除了上述几条之外，还有一条常识：你不要搭理那些最多也不过是让自己不会变得更坏的信息，要汲取那些能确保自己会变得更好的信息。

那么，哪里的信息能够确保你变得更好呢？

这样的信息源主要有以下三类：

其一，书籍。

其二，各类讲座、沙龙。

其三，成功人士说的话、提的建议。

我目前能想到的就是以上三类了。

你把这些想法变成行为，成功的到来便是一件注定的事情。

財富观念3

能赚一个亿的人，面对"好处""利益"，更注重义理人情

现在，请问自己几个问题。

第一：你到底想凭借什么样的信条度过这一生？

第二：你到底想与拥有什么样的信条的人结成伙伴与团队？

第三：无论是线上，还是线下，你如果想以自己为轴心建立一个社群，你准备赋予这个社群什么样的信条？

对由人际关系构成的社群来说，信条就等于文化。因为在一起对大家都有利，无论损益如何都想在一起，这两者的差异可大了。

在日本，人们最近经常能够听到"导师"这个说法，本书中也多次使用了这个词。"导师"是来自英语的译法，日语当中也有类似的词语，是"师父"。

从严格意义上讲，"师父"和"导师"的词义是有一些微妙的区

别的。前者比后者更细致，更全面，更人性化。对东方人来讲，前者也显得更庄重，更贴切，更熟悉。

一日为师，终身为父。对你来说，提建议的人、帮忙的人自然是越多越好。但是，师父还是有一个为宜。这方面不存在多多益善的问题。

日本将拜师、从师这件事视为"道"。"道"的意思是，有一个人已经走过了那条道，并把那条道上的风景看遍了，因此其见识与技艺已达登峰造极、炉火纯青的境界。这样的人，我们称之为师父，拜在他的门下。我们就是为了学艺，为了学"道"。

日语当中有"守、破、离"的说法。它的意思是，作为师父，他的职责是将"道"的基本教义毫无保留地传给弟子，直到弟子学业有成、功德圆满。

师门之道，和父母养育子女是一个意思。

当然，对弟子而言，自己也要有为自己负责的觉悟与心理准备。这也是为人处世的一个基本常识。

从师父的角度看，他收徒施教的基本出发点应该是爱。师父将对人类的博爱，倾注于对弟子的爱中。

这件事是格外庄严的，容不得半点虚荣与轻浮。师父可以有若干个弟子，但弟子只能有一个师父，否则就难成正果。

从师之道异常严格，才是对弟子负责。弟子也应该对此甘之如饴。

从这个意义上讲，其他帮助你的人、给你提建议的人则是一种程度略轻的存在。与情同父子的师徒关系相比，这些人更加类似你的朋友和伙伴。这样的人多多益善。当然，他们之于你的价值，肯定会因人而异。一个人价值的高低往往与人和人之间的亲近程度无关。如果一定要说有关系，这个关系有可能是：越是亲近的人，价值便越小；越是萍水相逢的人，价值越大。由此，你要在日常生活中练就一双识人的慧眼。

我当年遇到我的导师，只是通过朋友的朋友介绍，我们彼此完全是陌生人。可仅仅是一面之交，我就认定了这个人是我必须跟随的人。而其后的实践也证明了这一点。

所以，识人有时跟找对象有一拼，是需要缘分的。这就意味着，缘分到了，你不要错过，一定要主动出击，抓住那个稍纵即逝却无比珍贵的机会。

总之，要想成功，你不仅需要师父，也需要朋友、伴侣。他们的存在将使你在成功的路上一路高歌。

·不能对贵人索取并深度依赖这种状态

对我来说，导师是伴随一生的存在。

事实上，即便在我已成功实现人生小目标——赚到亿万财富之后，我依然没少麻烦师父，没少得到他的关照。

我们之间的关系并没有发生任何改变。

一个人凡事只考虑自己的利益是绝对不行的。人与人必须相互给予。哪怕对方是你的师父，你也不能单方面索取，而不给予对方回报。这是人情世故、江湖规矩，是必须坚守一辈子的做人原则。

我从认识师父的那一天起，一直到今天，我几乎无时无刻不在认真考虑如何才能更多、更好地回馈他。想必正因如此，我们才能长期保持家人般的亲密关系。

初入师门时，师父对我说过一句话："给予别人的东西，你要迅速忘掉；而从别人那里得到的东西，你要牢记一辈子。"

诚如此言。对恩师的教诲，我时刻不忘。

人生就是一场"角色扮演游戏"

日本有一句谚语：人年轻的时候，哪怕花钱也要买苦吃！

对此，我完全同意。

我当年加入导师的师门，学习创业的知识与技能，就是为了获得成长。

对这个问题，导师曾说："你只要目标明确，刻苦学习，勇于实践，全力挑战，就可以快速成长。为什么会这样？因为'失败是成功之母'，而获得成功所需要的失败的数量，往往是一个定数。你只要经历了足够多的失败，就一定会成功。所以，对失败这个东西，你千万不能躲。你要盼着失败来，来得越早越好、越多越好、越猛烈越好。"

对导师的这番话，我是深信不疑的。当年拜师时，我还是一个不折不扣的穷小子，而年龄与我相差无几的导师，已年入过亿！

这一点不得不服。

我不断地学习与实践，积累了很多经验：遇到生意机会时如何立项，运作项目时如何管理任务，如何开拓新客户，如何维护老客户，如何培养项目管理者的领导力，如何进行具体的项目管理，如何开拓与维护人脉关系网，如何管理、驾驭乃至驱动自己及整个团队的情绪，如何创造及管理现金流……

从本质上来说，上班族的工作是从1到2的工作，而经营者的工作是从0到1的工作。换言之，前者的任务是在已有的框架内做事，而后者的任务则是创造这个框架。

因此，你如果想获得成长、获得飞跃，追求质变的话，不妨从创造框架开始尝试，挑战一下这个过程。你会在极短的时间内获得惊人的成长。

我即便有一天失去了自己所拥有的一切财富，我也能重新开始。重点是，这样的事情无论发生多少次，结果都会一样。对此，我有绝对的自信。而这份自信就源于我常年积累的经验。可见，经验才是一个人最重要的财产。你一旦拥有了这份财产，便没人可以夺走。

说起自信这个话题，我颇有几分感慨。

"由于没有自信，我做不成某事。"这句话大家都不会陌生。

"中野先生，您一开始就有这么强大的自信吗？"我本人也经常遇到这种提问。

我不可能一开始就如此自信。

你问自己一个问题：在自己的人生中，你是否曾经有过一件事（只要一件就好），是在有了自信之后才去做的？抑或，是在做了之后，才有的自信？

我相信答案一定是后者。

无论是参加体育活动、学习知识，还是学艺，任何事情都不是从一个人拥有自信的那一刻开始的，而是开始之后人才会有自信。

因为没自信，一个人做不成某事。这是典型的歪理。而因为很少做，甚至根本没做过某事，一个人才没自信。这才是唯一的真理。

由此，你要想有自信，唯一的办法就是做，从现在开始做。你在做的过程中不断地失败，不断地学习，不断地积累经验。未来，你拥有的何止是自信，还有成功！

我一向认为，如果能以RPG（角色扮演游戏）的方式度过人生，那实在是一件乐事。

一般来说，这类游戏主要有三个构成要素。

其一，目的。

其二，规则。

其三，敌人。

但凡有了这三个要素，游戏便可成立，而将人生游戏化也将成为可能。

那么，你如何才能将上述要素嵌入人生当中，将人生游戏化呢？

有这样几个步骤：

首先，你需要设定人生的游戏目标：

成为有钱人；

成为生意人、商人；

获得人生的成长……

只要是你想达到的人生目标，均可设为游戏的目标。不过，你需要注意一点：根据优先顺序选择目标，你只选金字塔塔尖上的少数几个事项即可。一个人毕竟精力有限、资源有限，集中优势资源攻克少数课题，才是唯一合理的选择。

当你的目标清晰时，敌人也便现身了。

举个例子。

比如，你的人生游戏目标是考取第一志愿的学校。那么，这个游戏中的敌人将会是小测验、模拟考试、正式考试、玩乐的诱惑、睡不醒（睡魔）等等。

说起来，人生的RPG游戏要比真实的RPG游戏简单多了。后者的设计人在创作每一个游戏的时候都要冥思苦想，为那些游戏量身定制敌人。而前者则远没有那么麻烦。你的任何一个人生游戏目标只要能定出来，一堆敌人便会自己冒出来，不用苦苦思索、设计。

敌人出现之后，你的任务就是与其战斗。你的最终目的是要让这个游戏彻底成功。

人生这场游戏的敌人都有哪些呢？

这里只挑几个主要的说。

其一，欠别人钱（这个敌人异常凶悍，许多人甚至会死在它手里）。

其二，缺乏干劲，没有能力（这是存在于身体内部的敌人）。

其三，他人（那些对你说风凉话、给你添堵、使绊子的人）。

其四，自我的情感和情绪（面子、对社会常识的忌讳、羞耻心）。

以上诸条，都是你的敌人。你要认真面对，勇敢斗争，并尽可能化敌为友，将最后的胜利收于囊中。

事实上，只要与敌作战，无论输赢，你都能赢回一样东西，那就是经验。

在真实的RPG游戏中，当你击溃敌人，系统会自动提升你的玩家等级，提高你的权限，扩展你的功能（也就是所谓的"奖励回馈机制"，以激发玩家继续玩下去的动机），使你获得极高的满足感与成就感，进而对游戏更为投入。

那么，人生的RPG游戏也是如此，甚至比真实的RPG游戏更为优越：你可以尽情享受与敌人战斗的过程本身，且无须对失败的结果过分在意，因为无论输赢，你都是事实上的赢家。你赢回的将是宝贵的经验，而这是确保你最终胜出的最为强大的武器。请务必相信：人生漫长，在这场游戏中，所有成败都是暂时的，最后的胜者一定是你。

从这个意义上讲，在人生的RPG游戏中，遇到任何障碍、任何敌人都是天大的好事，你绝不应悲观失望、退避三舍，反而要主动迎敌。

无论什么游戏，障碍与敌人向来是所有趣味的来源，是所有意义的所在。你一定要享受战斗的过程。

这个逻辑可以用以下的系列等式表示：

人生的敌人与障碍

＝人生游戏的乐趣

＝积累博弈经验的机会

＝值得你去击倒的怪兽

＝思考攻略时的快乐与成就感

以上述诸条为游戏攻略的基础，请尽情地享受这场规模宏大、跌宕起伏的游戏吧！

·这场游戏的规则是什么？

但是，人生RPG游戏与真实世界的RPG游戏，两者还是有一个很大的区别——人生这场游戏没有事先设计好的一套完整规则。

真实的RPG游戏一定会有一套完整的游戏规则，比如说：只要你能在某个战役中战胜敌人，经验值就会增加；经验值超过一定基准后，权限便会升级；权限升级后，攻击力就会变强；攻击力变强后，你就能更容易地击倒敌人……规则如此循环往复，这就是所谓"打怪升级、升级打怪"的逻辑，是几乎所有电玩设计必须遵守的基本框架。

但是，如此清晰明确的游戏规则却不存在于人生游戏中。这里不可能有现成的"玩家指导手册"或者"产品说明书"去告诉你如何玩这场至关重要、事关生死的游戏。

幸运的是，我们的前人通过坚韧不拔的努力给我们留下了无数宝贵的经验教训。这些经验足以代替游戏规则，为我们所有人指出一条明路。

下面，我就简单介绍一下这些规则。

规则一：自由度的高低。

游戏的目标可以根据自己的意志自由地追加或变更；你有无限多可供自由选择的游戏命令。

规则二：重视体验。

无论胜负，哪怕是中途逃跑也好，你只要和敌人战斗，便会取得相应的经验值。

规则三：游戏具有骰子属性。

你一定要明白：这个世界充满了偶然，甚至是被偶然所支配的。这里不可能有任何事先写好的剧本。

规则四：多样性。

每个人都有不同的特色、不同的长处和短处。

人生游戏，相比真实的RPG游戏，具有更大优势。最明显的优势就是，在前者的世界里，一个人无论输赢，只要和敌人战斗就能收获宝贵的经验。换言之，哪怕输了，你也是得大于失。

这就意味着，对那些横在你眼前的敌人或障碍物，你必须战斗。否则，你就会吃亏。

如此这般，你将人生游戏中的要素导入生活实践中，不断地面对与解决眼前的问题，不断地与敌人搏斗，不断地思考、实践，那么，你的成长将会异常快速。

对眼前的这场人生游戏，你不妨全身心投入，尽情地玩，击垮一切敌人，横扫一切阻碍！

支持别人，才会得到别人的支持

　　人生的成功确实存在某些秘诀，而其中最重要的一条，就是成为一个能够得到他人支持的人。

　　一个人如果没有他人的支持，便不大可能克服所有的困难，渡过所有的难关，更绝无可能获得最后的成功。

　　人生之路很大程度上是以他人的支持为基石铺就的。人无法单靠自己而活，总得被谁支撑、支持才能够生存下去。

　　那么，一个人如何才能活出被许多人支持的人生呢？

　　要想被许多人支持，你首先要支持许多人。

　　如果张三给予了你极大的支持，你一定会对他充满感激，你一定会愿意报答他。这是一种极为自然的本能反应。

　　可见，支持往往与物质或利益的交换无关，甚至有可能完全没有任何目的性。如果一定说有，支持本身就是目的——只要支持了某个人，这种行为本身就能给人带来成就感和欢愉感。

总之，如果有人长期地、不求回报地支持你，这起码意味着他对你的关心、对你的承认以及对你的尊重。对这样的人，你以同等乃至加倍的支持回报之，实属人之常情。

·支持别人，不能只停留在口头上，必须用行动表现出来

支持别人，也会给自己带来极大的好处、极高的价值。通过支持别人，你将有机会感知从未感知的事物，学到从未学过的东西，获得从未有过的成长。

你想到，就要做到；做不到，就等于没想到。你只是口头上说我会一直支持你，而行动上却没有任何表示，这是没有意义的。说白了，这是空头支票。你甚至有可能被别人当成虚伪的人。

对下面这几种人，你要高度警惕。你既不要与这种人产生过多瓜葛，也不要让自己成为这种人。

其一，光说不练的人。

这种人把好听的话挂在嘴上，行动上却完全体现不出来。

其二，自我邀功的人。

这种人只为你做了一点事，便一天到晚把它挂在嘴边，强调个没完。他生怕你不知道，生怕你不重视。

其三，拖后腿、使绊子的人。

这种人自以为了不起，居高临下，习惯性地挑别人的毛病。

显然，这些人是不可能得到任何人的支持的。他们一定会沦为孤

家寡人。

　　人际关系就像一面镜子。别人怎么对你，就是你怎么对别人的镜像反馈（当你看见对方的时候，你其实看到了自己）。所以，那些被无数人支持的人，一定是平时支持了无数人的人。这是必然的。

　　如果朋友、伙伴开了一家酒吧，我一定会成为第一个，至少是第一批常客，必然会经常光顾，消费不菲的金额。

　　同理，如果他们开了一家杂货店，第一批常客、熟客的名单中也一定会有我的名字。

　　如果朋友、伙伴遇到了烦恼，向他推荐一本能够解决问题的书，介绍一个能够解决问题的人，是我义不容辞的责任。

　　总而言之，你的想法一定要通过行动表现出来。你要想得到他人的支持，必须自己先做一个坚定而热烈的支持者。

　　正如一句古老的日本谚语所言：你给予多少，就会得到多少。你想加倍得到，只有加倍给予。

那些能赚一个亿的人，大多"把谁都能做的事做到谁都不做的程度之后，还能坚持做下去"

我从导师那里学到的东西都是为人处世的重要哲学，是人生不可不知的原理、原则。这些都是无价之宝，是值得你拿出一生的时间去探寻、去追求的东西。

即便你是一个没有什么特殊才能的人，你也不必灰心丧气，一定要相信：只要能够坚持不懈地打磨自己，只要能找到正确的努力方向，并能朝着那个方向持续不断地努力，理想的人生对你来说将不再遥不可及。

换言之，无论曾经受过多少欺骗与伤害，你还是要对生活深信不疑，还是要相信这个世界的本质是美好的。越是那些不惜体力、勇于奋斗的人，越是那些心地善良、知恩图报的人，便越有可能变得幸运。

这个价值观既是我个人的人生哲学，也在我所组建的所有社群中得到了贯彻。

将本书读到这里的你一定会发现本书与其他同类书籍的一个明显区别，那就是，从头到尾我都没说过一句类似这样的话：只要掌握了这几条，创业很简单！只要学会了这几招，赚钱很轻松！

显然，这种"一招灵"式的写法是创作同类书籍的潜规则，是所有内行人心照不宣的默契。

那么，我为什么不这样写呢？我为什么非要反其道而行之呢？

我觉得，那些"一招灵"的内容往往个性有余而共性不足。换言之，它们太特殊了，是特定条件下的产物，因此并不容易复制，并不具备普适性。

今天有用的东西，放在10年后也许不再有用；10年后有用的东西，放在20年后恐怕早就寿终正寝了。这种短命性，是"一招灵"最大的缺点。我想通过本书呈现的则是另外一种东西——基础的东西。

原理和原则是不变的、是普遍的，具备可复制、可再现的属性。

我的导师曾一再强调：对基本与基础的东西，人必须拿出力量来贯彻。在这件事上，人不可有半点浮躁、敷衍，否则后果不堪设想。

这句话本身就是一笔巨大的财富，值得成为所有人的座右铭。

说起来，在我们这个社会，学历高低似乎足以决定人生的成败。事实上，这是一个天大的误解。每一个人的人生际遇更多取决于走出校门成为社会人之后的思维与行为。一个人是否能够在社会这所大学里继续学习、坚持深造，才是决定人生成败的关键所在。

·别灰心，人生逆袭这种事，在任何年纪都有可能发生

作为日本人，每个人都知道印在一万日元大钞上的那个人是谁。

他就是著名的"私立双雄"之一的庆应义塾大学的创始人福泽谕吉。他曾在其著作《劝学篇》中说过这样的话：天造众生，本无分高低贵贱、上下尊卑，众生皆平等矣！此乃天授之惠，理应普世皆享……然今放眼人间，聪慧、愚钝，巨富、赤贫，贵胄、野夫之现象举目皆是。此云泥之别、天地之隔，概为何因？甚奇！甚怪！何处求解？

这段话可能一些读者读起来会有点吃力，大体的意思是这样的：神仙当初造人的时候本来是想着人人平等，人没有高低贵贱的分别，可为什么现如今这个世界上，人和人之间的差别这么大呢？头脑聪明的人和不折不扣的笨蛋，富可敌国的商人和食不果腹的乞丐居然同时存在于这个世界，岂不是太奇怪了？谁能告诉我这到底是怎么一回事儿呢？

然后，福泽谕吉接着说：以吾之愚见，凡此种种，概以慧钝为因。而慧钝之别，皆源学与不学。

这段话的意思是：人与人之间任何一种际遇上的差别，全部都和一个人到底是聪明还是笨有关；而聪明与笨的差别，完全和一个人到底学习还是不学习有关。

关于这一点，我想稍微做一下解释。一般来说，许多人认为，富

贵与贫穷是天注定的。改变一个人的阶级属性难于上青天，所以，人还是认命为好。

但是，对这样的看法，我却不敢苟同。

一直到24岁时，我还只是一个普通的上班族，和手捧本书耐心阅读的诸位毫无二致。从那时开始，我真的是拼了命学习，恨不得学他个天荒地老。时至今日，我已是四家公司的法人，年收入过亿。总之，我的人生发生了颠覆性的变化。

我不是那种有才华的人，甚至有点愚笨。不过，我绝对有信心告诉任何人：我学到的东西、积累的东西，其数量不输给这个世界上的大多数人。

对我而言，通过20年的学习与实践，我得到的最大感悟就是：人要终身学习，终身修行。

有人会觉得终身学习实在是太累了，令人望而生畏。殊不知，终身懒惰、终身放弃也是一种修行，而且这种修行带给你的辛苦更多。不然，你怎么可能天天抱怨呢？

可见，与这种状态相比，终身学习反而是一件乐事，完全可以令你沉迷，让你舒适。

你一定要把学习和成长培养成一种习惯，一种本能，一种闭着眼睛都会想、会做的事。它们就像呼吸、吃饭、睡觉一样，你也可以有同样的感觉、同样的状态。你只要习惯了，学习就变得理所当然。

导师当年说过："能成事的人并不是什么特殊的人。他是把谁都能做的事做到谁都不做的程度之后，还能坚持做下去的人。"

终身学习是一件谁都能做的事。是否能够做到这件事，其实与人的耐性无关，只与悟性有关。

　　这还是思维结构的问题。那些自认为做不到的人，千万别怀疑自己的毅力，因为这与毅力没有关系，归根结底，还是你没想明白。

财富观念7

忠于对别人的承诺不管用，忠于对自己的承诺才好使

对我而言，导师的另一个重要教诲是：遵守承诺。

我必须承认，执行对他人、对自己许下的承诺，把承诺贯彻到每一天，每一分，每一秒，谈何容易！

自从跨进师门之后，我就马不停蹄几乎跑遍了所有能提供学习机会的场所。无论是私塾，还是演讲会、交流沙龙、补习班……只要第六感告诉我，这些地方将令我不同程度地获益，我就绝不允许自己缺席。

不夸张地说，那些年为了这件事，我跑遍了日本。东京自不必说，哪怕是冲绳、北海道，我也是说走就走。

为什么要把事情做到这种程度？

我对自己许下了诺言。

正如当年导师所说："如果想了解一个人，你不要听他说了什

么，而要看他做了什么。毕竟人长着嘴是可以撒谎的，而行动骗不了人。"

你的任何想法都必须从行动上体现出来，否则就是骗人。而对于这一点，我算得上从较早阶段便大彻大悟的人。我既然对自己许下了学习的诺言，便一定要将这个承诺体现到行动上，而且必须贯彻到底。

所以，正式出师前、拜在师父门下的整整五年时间里，无论是导师的演讲会，还是其他任何业内高手举办的沙龙、补习班，我几乎一次也没有错过（流感大流行等不可抗力除外）。即便是生病，发热到39摄氏度，我也从未懈怠。

现在想起来，对我而言，无论如何都要信守承诺这一点并不是与生俱来的。过去，说到的事情做不到，或者三天打鱼两天晒网，这些情况可谓屡见不鲜。

为什么后来的我会发生那么大的变化呢？因为我受了师父的影响。他是一个无比信守承诺的人。我天天在他的身边，便极容易被其言行举止所感染。久而久之，我也成了和他一样的人。只要是对师父说过的话，我就必须做到，否则就会无比煎熬。换言之，当你承诺的对象是一个极其重视承诺的人时，你自己也会极其重视承诺。

这就意味着，你只要自己重视承诺，日常生活中与你接触的人也会逐渐受你影响，变成一个信守诺言的人。反之，你如果是一个对承诺异常随意的人，那么，别人也会这样对你。那个人哪怕有着信守诺言的好习惯，也会将你视为例外，会很自然地背弃对你许下的诺言。

·只有真正信赖自己的人，才能真正忠于对自己的承诺

真正关键的是，你要信守对自己的诺言。

毫无疑问，一个人对他人的承诺非常重要，必须无条件地坚守。因为一旦毁约，他就会给对方带来莫大的困扰，进而失去对方的信任。

这一点已成为一个社会常识，大多数人应该都是可以做到的。可是，对自己的承诺却被太多的人忽视。

为什么会这样？

因为对自己毁约，不会给他人造成困扰，也不会失去任何人的信任。换言之，这件事的成本似乎太低了，没人重视。

其实，对自己毁约也会带来重大的困扰和信赖的消失，而那个对象、那个受害者，就是你自己。重点是，你居然对此毫无意识，任由这种状态持续下去，这难道不是一件极其可怕的事情吗？

任何人对自己许下承诺的次数都会远远多于对他人。这就意味着你是遵守，还是违背这些承诺，其结果会很极端。

比如说，明天上午6点必须起床，今天晚上10点半必须上床睡觉，每天必须做50个俯卧撑，每天必须看30页书，这份手头上的工作下午6点之前必须搞定，这个目标明年1月底以前必须实现……

这些都是你对自己许下的诺言。

问题是，你又真正做了几项呢？

具体地说，把自己的承诺越当回事、越守得住的人，便越信赖自己；反之，越不当回事、越是守不住的人，便越不相信自己。

说白了，信任自己就是自信。而自信来源于守约，对自己的守约。无论事情是大是小、是急是缓，你对自己的承诺都要无条件地兑现。你越能兑现，便越自信。你会这么想："只要是自己定下来的事，我便一定能落实。"这样的自我暗示一旦形成，你就会改头换面，变成那种无论做什么都会竭尽全力、只要努力便一定能成功的人。

这就是人生的良性循环。

归根结底，所谓承诺是一种心理信息——自发自收的信息。一旦你守住了诺言，这个信息就反馈出你是一个重要的人、有价值的人；一旦你守不住诺言，这个信息就反馈出你是一个无足轻重的人，这个世界上比你重要的人有很多。

你违背了对自己的承诺，就必然会找出大量借口为自己开脱，试图正当化自己的毁约行为。可就算这样，毁约行为对你的伤害本身也不会变。换言之，你会越发不相信自己，自信将与你渐行渐远。

所以，这件事的严重性已经远远超越"守约是好事，毁约是坏事"这种肤浅的认知，其结果将直达灵魂深处，直达你人生的本质。

总之，信守诺言并不简单。它不仅事关他人的尊严，也事关你自己的尊严。

财富观念8

记住，"人生"这部戏的主角，就是你自己！别掉链子

与导师初遇的那一天，他问了我一个问题："中野君，你是否曾经认真考虑过自己来到这个世界上的意义？你生存的意义、存在的理由和人生的目的……"

坦白说，我竟一时语塞，不知如何作答。我说："不好意思，对此我确实从来没想过。"

导师对我说："我能理解。你现在不考虑这些也没有关系，可是不能总是不考虑呀！毕竟我们是作为人类来到这个世界上的，无论如何还是要考虑一下人生的目标和生命的价值，哪怕一辈子只考虑一次呢！否则，我们和动物有什么区别？"

这句话惊到了我。我的心脏仿佛被刀子扎了一下。

一个人如果什么都不想，没有任何目标，盲目地过一辈子，人生会怎么样呢？恐怕会这样：上大学—找工作—当上班族—结婚—买

房—生养孩子—升职（公司中层）加薪—凌晨门球^①……总之，人生大概率会沿着这样一种家庭日常连续剧样式的轨迹行进。我的家庭背景还要相对复杂一些，但人生轨迹应该不会变太多。

这还算好的。万一遇到经济危机——企业倒闭、大改组、大裁员，人们恐怕连如此平凡的人生也享受不到了。

你即便运气好，能够进入一家自己向往的好公司就职，幻想着终于可以实现人生理想了，可人算不如天算，进入公司没多久，你就沮丧地发现，自己已被职场环境改变，被铺天盖地的日常事务淹没。你几乎没有真正想做的事，手头上的一切工作都仅仅是不得不做的。昔日的老同学相聚，酒桌上不再有人生理想、少年意气，而是各种抱怨："理想很丰满，现实很骨感。咱们几个也不年轻啦……"

片刻的沉默后，大家无言地碰杯、摇头、苦笑。

这就是生活，这就是现实。一个人有了家庭后，辞职绝对不是一个选项。重新开始的成本，你付不起。于是，哪怕是再讨厌的职场、再无聊的工作，你也得咬牙坚持。你不得不忍受了无新意的生活。你感觉自己就好像一列火车，没完没了地在同一条铁轨上来来回回，直到报废为止……

特别是日本的男性上班族，这种肉体与精神的双重压迫在他们身上体现得格外明显。比如，他们每天在挤成沙丁鱼罐头一般的地铁中通勤，就是一大烦恼事。为了不被误解成色狼，他们的两只手永远要高举过头，牢牢地攥住头顶的吊环。可即便如此，每当车辆颠簸，身体的某个部分被动地碰到哪位女士，他们还是会惊出一身冷汗。

---

① 日本老年人喜爱的一种运动。这里形容老后生活的枯燥无味。——译者注

好不容易熬到下班，整个人瘫倒在沙发里，他带着一脸的疲惫随手翻阅着一本无聊的周刊杂志。看着杂志里那些精美的旅游图片，他禁不住喃喃自语："唉，要是有钱就好了。要是有时间就好了。"他心里明白，自己可以做的梦已被极其有限的工资和老婆给的零花钱死死地锁定了边界。

　　他对自己失去梦想和希望的事实极为不满，于是讽刺挖苦他人的希望与梦想。

　　他实在无聊透顶的时候也会晚上跑出去鬼混一下。他把半个屁股勉强安顿在酒吧的高脚椅上，点一扎啤酒慢慢地品。运气好的话，他还能与一位泡吧的美女邂逅，愉快地聊一会儿。

　　深夜，当他带着眩晕感回到家中时，老婆孩子都已经睡了。这个时候肚子却饿了，他只好烧上水，泡一碗拉面胡乱吃上几口……

　　孩子上了中学，变得有点叛逆了。他便经常对孩子炫耀："想当年你老爸上中学的时候，那可是远近闻名的孩子王，是让校长、老师都头痛的头号'问题学生'！那个时候，学校里的小孩见到我，哪个不是绕着走……哈哈哈！"

　　他得意地说着，完全没有意识到此时的自己到底是什么样子：脑袋顶上只剩下几缕头发，蔫蔫地贴着头皮，而大肚腩已快顶破衬衣……

　　好一个油腻的中年人！

　　这样的人生，你真的想过吗？

　　要是换了我，我一定会脱口而出："坚决不能把人生过成这样！否则，岂不是白来这世上走一遭？"

　　我们每一个人的人生都是一场电影，而电影的主角只能是我们自己，其他人顶多是配角。

这部电影的编剧和导演也是你，剧情怎么走，台词怎么说，都是你一个人说了算。

你到底想要什么样的剧本？

尽管遇到无数困难，主人公却一路披荆斩棘，不断成长，最后获得了幸福。这样的故事情节尽管有些老套，可你肯定不会排斥。

相反，从小便生在富贵之家，一路走来无比顺利，主人公没有经历任何看得见、摸得着的成长，所有成功的果实全都是唾手可得。这样的剧情恐怕太过单调、枯燥，令你缺乏激情，不是吗？

·认真些！你其实很幸运了

据说，仅仅是生而为一个日本人，便已跻身世界顶级的富翁俱乐部了。而这个俱乐部里的人口只约占全球总人口的两个百分点。

从某种意义上讲，从出生的那一天起，日本人便拥有了全世界大多数人不曾拥有的机会。

是利用，还是扼杀这个宝贵的机会，全在于自己的决断。

写到这里，我想起了一件事。

我曾经看过一个描述发展中国家儿童生活状况的视频，并被其内容的深刻性与启发性所震撼。

视频中的孩子都陷入了极度营养失调的状态。

"哪怕一次也好，真想吃顿饱饭啊！"这句话是孩子们的口头禅。

尽管食不果腹、衣衫褴褛、蓬头垢面，视频中的孩子却没有一个是消极、悲观的。恰恰相反，他们对生活的态度是开朗乐观的，对家人的关爱和依恋简直快要溢出了屏幕，令观者动容。

尽管命运如此不公，生活如此艰难，他们依然没有妥协，而是拼尽全力去活着、快乐着、期待着……

视频中有一个令我震撼的情节是，这些孩子对学习的欲望极为强烈。

那些孩子从堆积如山的垃圾中寻找别人废弃的书籍，只要找到便拿回家中拼命地学、拼命地记。由于没有钱买纸和笔，孩子们为了记忆只能大声诵读，一遍又一遍……

看到这一切，我不禁为自己感到羞愧。我问自己："我的人生也如此拼搏过吗？和视频中的孩子们相比，我的人生到底算什么？到底有什么价值？"

即便有喜欢吃的东西，他们也吃不起；即便有喜欢做的事情，他们也不能做；即便想找份工作，他们也找不到；即便有想学的东西，他们也学不了……我们这个世界上，有太多的人过着这样的日子，过着这样的人生。

幸运的是，作为日本人，我们很大程度上是例外，我们不会把日子过得这么惨。即便有少数人会遇到一些困难，在大多数情况下，他们也能通过国家、社会、个人的资源走出困境。

正因为如此，人们会身在福中不知福。

我想："换了是我，我是否能将自己一天24小时的生活也用摄像机记录下来，给那些国外的苦孩子看呢？我是否真的拥有这份勇气？

想想自己的工薪族时期，我天天抱怨不给自己加薪的领导，天天埋怨不争气的父母，根本就没有精力去想人生的价值、生命的意义。这样的我，是否能赤裸裸地展示给那些逆境中顽强生存的苦孩子看？当然不能！我丢不起那个人……"

退一万步讲，我即便拍了这样的视频，也拿给了那些孩子看，孩子们又会作何感想呢？

他们恐怕是这样想的："这个日本人如此幸运，能够生活在一个天堂般的国家，可为什么身上却有如此多的负能量，把日子过得如此疲沓呢？他明明要啥有啥，为何却天天把'搞不定''办不成''太困难'这些借口挂在嘴上，为自己找台阶下呢？这实在是太可惜了。这个人浪费了他所处的优渥环境，还不如和我们换一换呢。"

想到这里，我感到脸发烫，恨不得找个地缝钻进去。

如果我和这些苦孩子交换生活环境，让他们来到日本发展，而我去他们那里谋生，会发生什么呢？

毫无疑问，他们中的每个人几乎不费吹灰之力便能成功，而我则很有可能饿死。

为什么会这样？

我们对待人生的态度不同，认真程度不同。

看完那个视频的瞬间，我忽然有了一个想法。我暗自下了决心，一定要振作起来，重启人生！我一定要让这一幕成真：有一天，我也能挺起胸膛对那些孩子说："我也在拼命努力！我对待人生的态度也和你们一样认真！"

我如果做不到这一点，就是对那些孩子失礼。

·享受连续剧

你一定要相信，你的身上充满了无尽的潜力与可能性。

你的父母在你还是一个孩子的时候也一定是这么想的，一定对你光明的未来有着无穷的信心。

如果你有了孩子，那么作为父母，你对自己的孩子也一定会这么想，一定会认为他的身上充满了无穷无尽的可能性。

只要肯努力，你也能成为天才。

喜欢农艺的朋友都知道，西红柿幼苗如果用一种特殊的营养液浸泡栽培，可以结出5000—10000个果实。

重点是，这种方法与改变DNA无关，就是一种普通的、传统的栽培方式。换言之，苗木本身的生物属性并没有被改变，还是普通的、正常的苗木。

土壤这种东西，本身具有阻碍苗木根部发育的作用。这属于土壤的物理性质，而这种性质可以通过外部手段改变。只要做到了这一点，至少从理论上来说，苗木的根部便可以无限发育。土壤下面的根壮大了，土壤上面的植物自然也会蓬勃生长。这就将植物的生命力发挥至极限。每一个看似普通的生命，其实都并不普通。

只要是生物，它就会如此。西红柿如此，黄瓜、茄子也是如此。植物如此，动物也是如此。

别人如此，你也是如此。

如果处于普通的环境，你的生命之苗恐怕也会以最普通的方式迎来生命结束的那一天。但是，如果你将自己的根置于一个更有利于成长的环境之中，你未来结出的果实将会是一种什么样的规模呢？

这简直不可想象。

苗是普通的苗，重要的是土壤；人是普通的人，重要的是环境。

后者改变了前者，是后者让前者变得不普通。

对你来说，现在最重要的事情是：寻找那个环境、那片土壤。如果你现在所处的环境和土壤是有问题的，只要能够敏锐地觉察到这一点，你便要勇敢地跳出来，给自己插上翅膀，飞向一片新的天地。

那里会有无限宽广的天地等着你。你只要能脱离自己的舒适圈，便会发现世界之大，它远远超出了你的想象。

那将是一个令人惊叹的壮观景象。

据说，随着科技的发展和物质条件的改善，人类将很快迎来百岁时代，即每一个人都有相当大的可能活到100岁。

一年有365天，一百年就有36500天！

如果将漫长的人生视为一部电影，以你现在的岁数，电影恐怕才放映了四分之一，最多也不过是三分之一吧？

这部电影已经放了三分之一或四分之一了，还没有一场高潮戏，是不是有点太无聊了呢？

作为主人公的你该给电影加点猛料了，让它更有趣一点，更戏剧化一点。

机会就在眼前。

剩下的，就是你能不能意识到它的存在，能不能牢牢抓住它了。

你最近遇到了某个人，这可能就是一个千载难逢的机会；有人将这本书推荐给你，这也意味着一个机会。

总之，无论是与某本书的缘分，还是与某个人的缘分，都可能是机会。这就看你有没有慧眼和胆量了。

　　事实上，那个能够改变你一生的人或事物极有可能已经是你的囊中之物，只是你自己还不知道。你现在需要做的事情，就是从自己身边找机会。你一旦抓住机会，坚决不能松手。

　　然后，你便可以大胆地描绘、大胆地期待自己人生中的成功故事了。

写在最后

如果你能看到这篇后记，那将是我的荣幸。

这意味着你已通读了本书。

我由衷地感谢你，感谢你的阅读，感谢你的感悟，感谢你的成全。

"为什么中野先生年入过亿，已实现财务自由，拥有了金钱和时间上的富余，每天还要如此努力地工作呢？"

我经常会被问到这样的问题。

我一再提到，所谓的"财务自由"，就是轻松、愉快，想干什么就干什么，那么，我为什么依然是个工作狂呢？

理由很简单：我喜欢。这真的是我最喜欢做的事。我可以如此愉快地做事，如此愉快地赚钱，且赚的钱都是自己的，谁会不喜欢呢？

除了喜欢之外，还有一点也很重要。当我终于可以驾驭自己的人生了，我会有一种好奇或者说一种欲望，想探究一下自己人生的边界，看看自己的潜力到底有多少。因此，旺盛的斗志和挑战欲便会持续不断地在胸中"燃烧"，刺激着你不懈地向前拓展。

我一向认为，贪欲也好，野心也罢，这些都是人性中的美德，没有它们，进化便不可能实现。

那么，问题是，一个人应该如何衡量自己的能量边界呢？用什么指标？是金钱吗？

金钱当然是一个很重要的指标，却不是唯一重要的指标。在我看来，这里还有同样重要，甚至更重要的指标。

具体地说，如果把金钱当作为这个社会提供价值的代偿（收入），那么，另一个同等重要，甚至更重要的指标就是，以自己为核心的人际关系社群里到底能聚集多少人。

后者是前者的前提，前者是后者的结果。所以，后者的重要性不言而喻。

当然，人生中真正重要的事情清单里不仅有工作，还有家庭生活。当彻底实现财务自由之后，我陪伴家人的时间就更多了。我们全家都非常喜欢海外旅行，因此这些年来，我们一家人几乎走遍了全世界。

即便如此，我还是更希望他们看到父亲辛勤工作的样子，而不是吃喝玩乐的状态。

自从实现了一个亿的人生小目标之后，我就一直想报答师父的培养之恩。我的一片诚心却屡屡遭到师父的拒绝。

他对我说："你不要老想着'报恩'，要多想想'送恩'。你把知识与经验多与他人分享，将这些'恩'送给更多的人。果能如此，就算你报答我了，算我没白教你这个学生！"

师父就是一个这样的人，把自己的恩送给包括我在内的许多人，让别人成功，让别人幸福。

我决定接受师父的建议，用毕生的精力把恩送给这个世界上尽可能多的人，哪怕多出一个也好。

所以，我现在依然会努力地工作。这也是对师父的一个交代。这是对"你为了什么而活"的回答。

人或多或少都会有短板、痛点。

这些痛点有大的，也有小的；有能解决的，也有解决不了的。但是，你将其视为人生路上绝对不可逾越的障碍，然后给自己找一个可以偷懒、放弃的借口，则是你最大的耻辱、最大的痛点。

如果没有时间，你就去节约时间。你如果不知道如何节约，那就去问问你的导师。

如果没有金钱，你就去挣钱，只要下点功夫，钱总是会有的。

因为已经结婚了，有孩子了；因为还年轻，或已经上岁数了；因为有人坚决反对……

做不到一件事的理由成千上万。你这辈子还想成功吗？还想改变命运吗？还想实现财务自由吗？

你何不大胆地挑战一把、奋力地拼搏一下，也许会有所斩获呢？

我信奉的价值观有两条：一条是每时每刻都将自己的潜力最大限度地发挥出来，另一条是我真的特别喜欢现在的自己。

你总是为自己找借口吗？这样的状态是我深恶痛绝的。

你撞了一次墙，脑袋上起了一个包，便彻底垮掉了，再也不敢站起来，再也不敢挑战。这样的状态是我深恶痛绝的。

你容易被情绪影响，进而犹豫不前。这样的状态是我深恶痛绝的。

你怀揣着小小的成绩和小小的虚荣心，生怕挑战失败会让自己丢掉这份虚荣，从而无法鼓起挑战新事物的勇气。这样的状态是我深恶痛绝的。

你遭到四五个人的反对，便立马放弃了梦想。这样的状态是我深恶痛绝的。

总之，我无论如何不想背叛自己。

事实上，在挑战面前，在困难面前，在自己不擅长和不喜欢做的事情面前，你选择了拖延抑或逃避。迟早有一天，这些事物还会以其他的形式出现在你的面前，挡住你的去路，让你一筹莫展。

现在，努力地尝试一下，勇敢地迈出第一步吧！

人总是要有梦想的，万一实现了呢？

更何况，你的身边还有导师和战友，他们会助你一臂之力。

何谓成功？它就是成长、变化。

你只要每天付出最大的努力，你就会进步一点点。今天的你比昨天有进步，明天的你比今天有进步……这就足够了。这本身已是一种成功了。

只要每天不断地超越昨天的自己，不久的将来，你一定会活成自己当初想象的那个样子，乃至超过那个样子，变得更好。

你只要不做"口头上的巨人，行动上的矮子"，而是总能不懈地付出最大的努力去行动、去实践，迟早有一天，无数的贵人、同伴和战友会不请自来，与你相聚，共图大业。

那时，当你环顾四周，你会发现无数的人都在为你鼓掌、加油，为你打气、助威。你自己也会情不自禁地为如此优秀的自己奉上最热烈的掌声。

对我个人来说，如果拙作能够在你的成长道路上起到一点作用，我将感到荣幸。

请务必相信，当你成功的那一天，发自内心地为你高兴、为你祝福、为你鼓掌的人群中，一定有我。

所以，还是那句话，别犹豫了，勇敢地迈出第一步吧！

中野祐治　敬上

译后记

拿到这本书，我并不是在通读一遍之后才开始翻译的，而是边译边读，所以，我逮着了一个大悬念，着实被吊了几个月的胃口。

什么悬念呢？

按照我们中国出版业的"惯例"，像这类以教人致富为目的的书里面一定会有不少"秘籍"，也就是具体的操作方法。

人到底做哪行；到底怎么做；第一步怎么走，第二步怎么走；遇到什么问题，应该如何应对……这些才是此类书籍的精华所在，也是吸引读者的关键所在。

换言之，一般来说，"傻瓜式操作术"是这类书最大的卖点。

我以为，这应该是出版业的常识。

没想到，带着这个巨大的悬念翻译了大半本书，我也没见到这方面的内容。随着所剩篇幅越来越少，离终点越来越近，我知道，这件事已经很渺茫了。最后的事实也证明了这一点。

不过，我心中的不解依然存在。

这是为何？

作者没有素材吗？不可能。最起码，他写一个自传式的东西总不会太难吧？他把自己创业过程的细节记录、解释抑或分析一番，便是一篇极佳的指南啊！毕竟作者本人就是成功地从工薪族变身为身家亿万的富豪，成功地实现了人生的小目标，达到了财务自由境界的亲历者，写出来应该得心应手啊！而且既然是亲身经历，他写出来也必然会极具说服力和吸引力，会让这本书更有魅力，更具卖点，不是吗？

作者为什么不写呢？

真是奇怪，难以理解！

我后来好好想了想，又豁然开朗了，甚至开始为作者的用心良苦深表敬佩。

很显然，对指南或者傻瓜式操作手册之类的东西心有期待，这件事本身就是成功路上最大的障碍。

这就叫心术不正。而心术不正之人，无论得到多么详细的指南或操作手册，他也成功不了，甚至有可能根本不会照着书上的内容做。理由很简单，太容易得到的东西，一来不容易有真正深刻、透彻的理解，二来也不会被真正重视乃至珍惜。

一旦得到了这本指南或操作手册，大多数人恐怕会这么做：

其一，扔到一边，一切照常。因为他们会这么想："反正这本书写得这么清楚，什么时候照做都行，不着急！"然后，那本被弃于角落里的书一万年也不会再有出头之日。

其二，依葫芦画瓢，立马照做，遇到挫折，立马放弃。其行为的逻辑是：既然是指南或操作手册，必须一试就灵。它一旦不灵，必是骗人的！

可见，你给读者指南或操作手册，其实是害了他们。你的行为在某种意义上与诈骗无异，其本质是用迷药灌晕读者，然后通过某种东西掏他们腰包里的钱——明知这个东西对他们一无是处。换言之，你的目的是赚钱。

总之，至少在发家致富、改变人生这件事上，指南、操作手册之类的货色是完全不靠谱的。同一个项目，同一套方法，在同样的条件下，两个人去做，结果也可能会有天壤之别。

为何如此？

心也，脑也，思维也。

你的心态、你的态度、你的思考，决定了你的行为以及行为的结果。这才是根源所在，才是真正重要的地方。

难怪作者会舍弃如此重要的写书卖点，全程专注于思想解放的主题——正因为是过来人，是亲历者，他才会深刻地理解哪些东西有用，哪些东西没用。

因此，他宁可违背市场规律，也不愿迎合市场，违背初心。这就意味着此书的潜在读者可能未必会有那么多。

当然，作为一个成功人士，他必然不差钱，不指望着写书发财，所以这一点也肯定给他提供了不少底气。

其实话又说回来，即便有那么一本真正管用的指南或操作手册，最重要的依然是如何改变思想。指南或操作手册与本书的最大区别，可能在于对重塑思维结构的具体操作方法会有一些更为细致、具体的描写。

即便如此，该操作方法的核心也必然离不开两个关键词：理论和实践。

读者一方面要看书，一方面还要试一试。他试对了，继续；试错了，再来；一错再错，就多去看几本书，多找几个高人指点。

除此之外，他别无他途。

创业难，守业更难；创业精，守业更精。

所有这些关于创业和守业的精髓与艰难，均可从本书中窥见一斑。此是为经典。

南勇
于河北石家庄